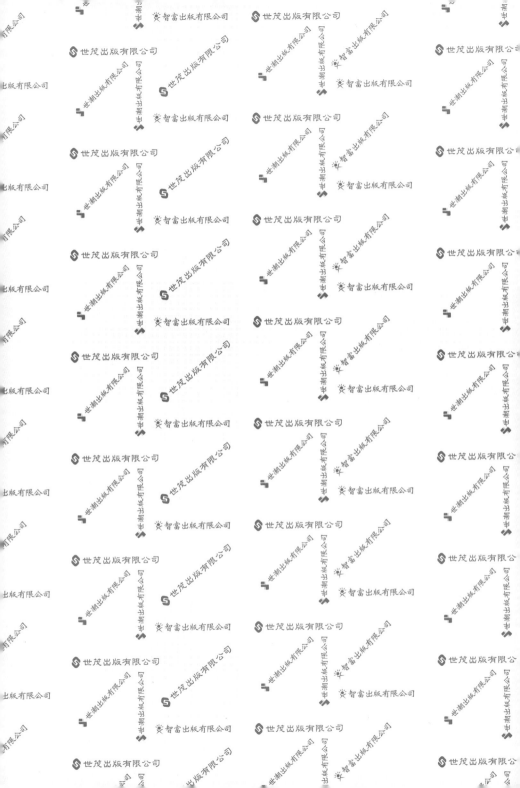

数学のしくみ

圖解數學基礎入門

全新修訂版

川久保勝夫 著　　高淑珍 譯
台灣大學數學所碩士 李盈嬌 審訂

序

運用數學的靈活思考力，發揮真正的價值

近年來，就業市場出現重大的變革；數學科出身的學生，成為各大企業徵才的新寵兒，究其原因不外乎拜電腦普及之賜。不管是要擬定一份新的企劃案、解決預估情勢外衍生的新問題，數理背景人才的思考靈活，比較能夠發揮真正的價值。

類似上述的問題，通常牽涉到許多層面；單憑個人有限的經驗，恐怕無法找出問題的癥結點。這時我們需要能夠分析、綜合問題以及理路清晰的能力；而這正是數學的思考法及敏銳度。

曾有一家知名企業老闆，針對未來的商界局勢說過一句名言：「具有數理能力的人才不會被淘汰！」他所指並非單純的計算能力或數學認知，而是一再被強調之企業所需，如前所述的數學思考法及數學敏銳度。再者，在會議等場合中的發言受到重視或漠視，能不能以清晰理路展開議論，都和數理有密不可分的關係。

從有趣真實的角度，探索數學的「架構」

有些人，一聽到「數學」二字，馬上豎起白旗投降；或雖覺得有興趣，卻怎麼也記不住數學符號、用語或公式，在入門時就飽受挫折的人也不少。這對身為數學老師的我來說，著實十分遺憾，促使我寫作此書。

我深切盼望原來討厭數學的人，能透過此書，從有趣且深入理解的角度探索數學的「架構」。

川久保　勝夫

在商業書籍中，只強調興趣本位但論點含糊的作品不少；本書為了幫讀者養成用數學思考的好習慣，絕不含糊論點，而以真實的面貌呈現出數學的世界。

我希望盡量以深入淺出的方式，讓讀者了解數學的世界何其有趣，對人類有多大的幫助；並以周遭的題材為例，採用圖文並茂的視覺解說，讓每一個人都可以輕易了解。尤其是把說明重點放在「為何這麼做？」的動機上，確信一定能產生「原來如此！是這樣算啊！」的結果。

例如，一提到三角函數，只要大家了解「為何要認識三角函數」的動機，就會知道三角函數多麼簡單，且為何現在會被廣泛用於高科技領域的理由了。

此外，矩陣或向量正是探索經濟或社會脈動的強而有力武器；經由矩陣或向量的運用，複雜現象間的關係變得密切，好比變魔術一般能清楚看到物體之間的關聯。

就連許多學生頭痛不已的微積分，也能自然地被引導來理解物體變化的樣子；結果，在「這個時候，能這麼應用嗎？」的思考之下，微積分的思維方式或知識，廣泛地被運用。

只要稍微用心就會發現，生活周遭的一切事物，都是數學創意延伸的結果。

本書的利用方法

本書分成九大章，利用許多插圖或圖表解說有關數學的基本架構；為了幫讀者做進一步的了解，還提及數學公式或其證明。但原則上，希望讀者以穩健的步伐，探索數學的世界。此外，針對一般人常有的疑問，另闢專欄加以說明。而書中的各個章節大多可以單獨提出，所以，不論讀者從哪個章節著手均可。

愉快又自然地琢磨出數學的感受力，就是我最大的期待。

圖解

數學基礎入門

全新修訂版

目錄

第 1 章　數的探索

「數」的故事

●數的架構 …… 10
數的觀念從計算開始
●零的發現 …… 12
代表什麼都沒有，卻具有重要的意義
●負數的功用 …… 14
計算數量時少不了負數
●有理數的延伸 …… 16
從加減乘除演算之數的觀念，延伸到有理數
●無理數的存在 …… 18
有理數已得證，無理數的春天在哪裡？
●不可思議的虛數 i …… 20
複數真的存在嗎？
●單純又神秘的質數 …… 22
「質數」為數的原子
◎專欄　每個數字都有不同的意義 …… 24

第 2 章　數的關係

「函數」的故事

●何謂函數？……26
飲料及車票自動販賣機就是一種函數的運用
●一目了然的座標圖……28
一次函數為直線，二次函數為拋物線，反比為雙曲數
●方程式的解題絕招……30
解題的要訣在於建立方程式
●聯立方程式的鶴龜算法……32
複雜的計算重點在寫出方程式
●二次方程式的解題公式……34
以二次方程式的判別式判斷解答的性質
●三次方程式及解題秘密……36
數學史上最引人矚目的解法插曲
◎專欄　真的有方程式解法嗎？……38

第 3 章　解密幾何學之美

「形狀」的故事

●幾何學大復活！……40
三角形的五心——重心、內心、外心、旁心、垂心
●形狀的確定……42
直線構成的圖形面積請用三角形求解
●形狀的排列……44
任何正多角形磁磚的鋪設問題
●圓周率的計算歷史……46
圓周率 π 的故事
●黃金矩形之美……48
二次方程式與黃金比例
●利用尺及圓規解題……50
希臘三大難題：倍立方體體積、角的三等分、圓的面積
●正多面積只有五種……52
「正多面積為無限多個」是錯誤觀念
●歐幾里得幾何學……54
知名度僅次於《聖經》的《幾何原本》是近代科學方法論的基礎
●非歐基里得幾何學……56
與歐基里得幾何學體系不同的幾何學
◎專欄　代數幾何學的研究……58

第 4 章　矩陣的運用

矩陣與向量的故事

●矩陣與向量的用途為何？ …… 60
數字排列的矩陣或向量具有深遠的意義
●向量的加法與減法 …… 62
矩陣或向量按照計算規則發揮力量
●矩陣的乘法 …… 64
矩陣或向量在乘法中更能發揮作用
●矩陣為一變換的機器 …… 66
通過某個矩陣後向量變身為新風貌
●用矩陣解聯立方程式 …… 68
利用反矩陣可解聯立方程式
●向量翱翔天空 …… 70
透過許多力的向量合成可以飛行無礙
●經濟中運用的矩陣 …… 72
馬可夫鏈可預測汽車的市場佔有率
●賽局理論運用於網球比賽 …… 74
經濟或運動等競爭全都可藉由賽局理論求勝
◎專欄　未來的預測 …… 76

第 5 章　數學之王微積分

微分與積分的故事

●重點是計算面積 …… 78
積分起源於古埃及尼羅河的氾濫
●越切越小的圖形 …… 80
阿基米德開啟微積分的大門
●積分的構思 …… 82
利用極限思考算出曲線圖形的面積
●追求瞬間速度 …… 84
千變萬化的速度唯有微分可以掌握
●微分再微分 …… 86
追蹤函數曲線的最大線索是導函數
●微分不離積分 …… 88
魔棒一揮，微分與積分緊緊相依
●函數 $f(x)$ 和 $f'(x)$ …… 90
了解微積分基本定理，積分變簡單
●應用微積分 …… 92
生活中到處都是微積分的應用實例
◎專欄　阿基里斯的比賽 …… 94

第 6 章　偶然的科學

機率的故事

●與命運女神邂逅的方法……96
將「偶然」科學化的機率論起源自賭博
●擲 6 次必定會出現 1 次嗎？……98
機率基本原理為大數法則——小心不要用錯
●排列與組合的觀念……100
在機率中，計算各種情況的數量成為基數
●亂槍打鳥也會中？……102
「至少……」等機率問題，可運用餘事件解釋
●不太可靠的直覺……104
在 40 人的班級中，生日相同者的機率為 89%
●先抽先贏？……106
畫成機率的樹形圖，一清二楚
●紅球與白球的機率……108
製作圖表，一清二楚
●贏錢或輸錢的平均……110
運用期望值評估賭博，結果發現都是賠
●亂數具有的深刻意義……112
亂數無所不在
●統計的比較……114
平均數與標準差
◎專欄　不了解機率連命都沒了……116

第 7 章　生活中的數學

指數．對數和數列的故事

●天文學的數字計算……118
從微小世界到極大世界，都是指數函數的範圍
●天才數學家高斯的計算……120
等差數列和的超快速算法
●超乎想像空間的等比數列……122
多倍數的計算易如反掌
●生活周圍的等比數列……124
銀行存款、貸款利息、音樂音階等，都是等比數列
●對數世界真有趣……126
對數和指數正好相反
●簡化計算……128
煩人的複利計算，用對數就對了
●知覺其實是對數感覺……130
星星亮度等級、聲音強弱的分貝、地震的震度級數……
●自然界中的對數和指數……132
放射物質的半衰期
◎專欄　不可思議的 e：$(e^x)' = e^x$……134

第 8 章　和三角函數作朋友

三角函數的故事

●給畏懼三角函數的人 …… 136
sin、cos、tan 是好朋友三人組
●用棍子測量高度 …… 138
泰利斯測量金字塔高度的方法
●跨越障礙的餘弦定理 …… 140
碰上山或建築物無法直接測量時的距離算法
●正弦定理的測量妙方 …… 142
神通廣大的三角測量
●電氣也是正弦的世界 …… 144
若沒有三角函數就日夜不分了
●用途無限的三角函數 …… 146
重現美妙的音色，正弦曲線的組合
●傅利葉轉換 …… 148
DNA 的雙重螺旋構造也可用傅利葉轉換解釋
◎專欄　神秘的 Euler 公式 …… 150

第 9 章　數學開展新世界

新數學的故事

●形狀在空間中的變化 …… 152
發現局部性和全面性差異的拓樸學
●誰在說謊？ …… 154
動搖數學基礎的羅素詭論
●何謂不確定性理論？ …… 156
一個人無法決定自己的價值
●模糊理論 …… 158
地下鐵或NASA的太空梭都有關係
●天氣預報為何不準確？ …… 160
模糊不清或無秩序的混沌現象經常可見
●何謂碎形圖形？ …… 162
介於一維度與二維度之間的維度空間圖形
●破局的分析 …… 164
破局理論將急遽變化加以規範
●電腦運用的數學 …… 166
兩個數字組合即可表現邏輯
●集合與邏輯 …… 168
集合理論與邏輯推論
●對稱之美 …… 170
一切都源於哥羅亞的方程式解
●維度另一章 …… 172
三度、四度、五度……自由思考多維度空間
◎專欄　費瑪大定理的證明 …… 174

第 1 章

數的探索

「數」的故事

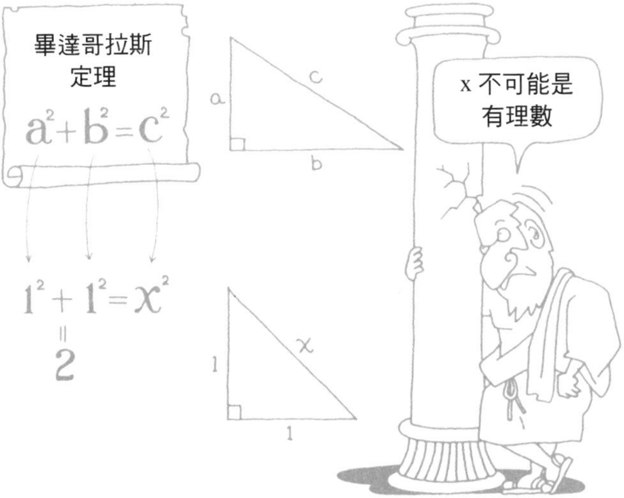

數的架構

數的觀念從計算開始

從1、2、3開始

從歷史的觀點來看，不難想像數學最早的起源是來自計算東西。

當人們數著一個、二個、三個蘋果或橘子，一個人或二個人的時候，從這些不同種類的「物」、「人」中，產生1、2、3等數的觀念；這就是自然數的起源。

現代人可以隨心所欲加以運用的數，是在經過漫長歷史才被人類掌握的；因為實際計算和用數字表達的抽象觀念之間，有著極大的差距。

當然，這種抽象的觀念，會經過某些特定的努力而具體化；經過長久的歲月，藉著許多人的力量，我們才能一步步認識數學。

在我們計算蘋果或橘子的時候，自然地導入了加減法的演算。

除了無限大的數學外，比較小的「正整數」會自然地進入人類的生活中（所以正整

數學筆記

計算的起源 考古學家在史前時代的洞窟石壁上，發現許多刻痕，推估是計算之用；刻痕正是計算數字的第一步。

數學世界何其寬廣

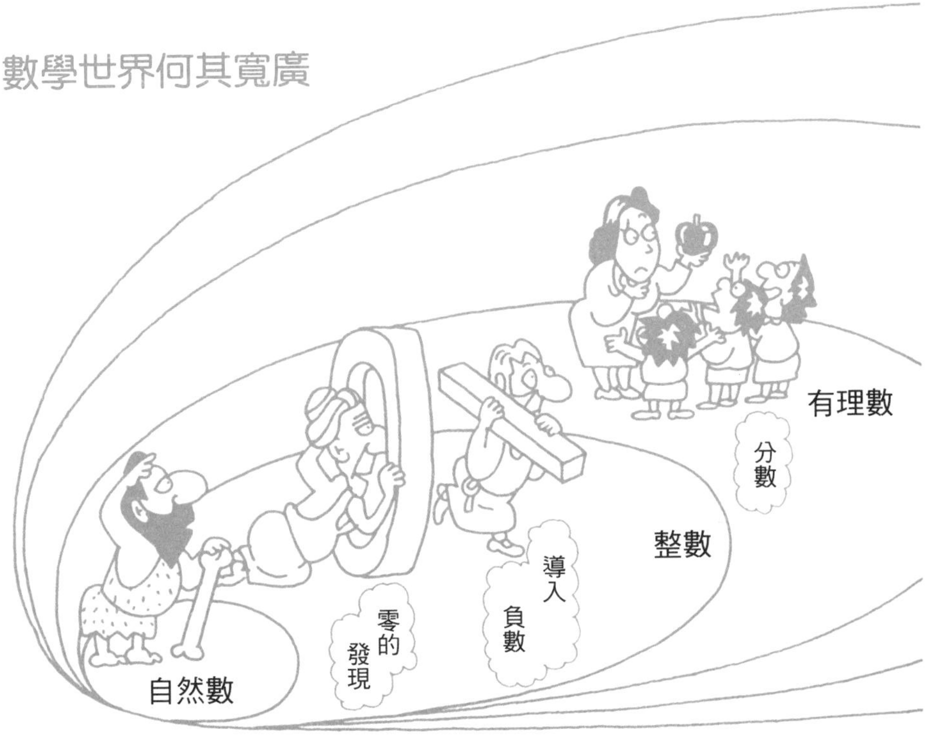

數又稱作「自然數」）。

數的發展

自然數衍生了數的觀念之後，人類又發現「零」，接下來出現「負數」，成為完整的整數結構。

當然，從物體的分割，發展出有理數也是自然的現象；「有理數」指的是分母及分子都是整數（但分母不為零）的分數。

若有理數再加入$\sqrt{2}$、$\sqrt{3}$、π等「無理數」，就構成「實數」系統。

不過，就像畢達哥拉斯學派的門徒對此持保留意見一樣，無理數正如其名，總叫人覺得是不太自然的數。

最後實數加上「虛數」成為「複數」，數的觀念終於暫時劃下休止符；但這並不表示，這條數學大道從此平坦順遂。

由此可知，經過漫長歷史，辛苦累積的數的觀念，堪稱是人類智慧的結晶。

零的發現

代表什麼都沒有，卻具有重要的意義

三百十四垓一千五百九十京六千五百三十五兆八千九百七十九億三千二百三十萬……
還是有0比較方便！
31415906535897932304626
有0就簡單多了！

0是什麼？

零就是什麼都沒有。

「既然是什麼都沒有，那還有存在的意義嗎？」或許很多人都有這種疑問吧！

因為人們平常已經相當習慣「0」的存在，反而忽略了它的價值與重要性。

據說「0」這個符號發源於印度。古印度人由地球眺望夜空的星星時，彷彿看到點點或小圈圈，就用「・」或「0」來表示，視為「修涅」（無）。而印度的創造之神梵天（普拉夫瑪）相信這種「修涅」必帶有宗教上的意義，才產生「・」或「0」代表「無」之「修涅」的觀念。

0的存在意義

以下可以舉出「0」這個符號的兩種存在意義。

第一是用來表示「無」的狀態，即所謂

數學筆記 零就是密碼？　「修涅」（sunya）可以翻成阿拉伯語的sifr，而sifr在歐洲則譯成cifra。這個cifra不久就變成cipher——密碼。

數的世界一周

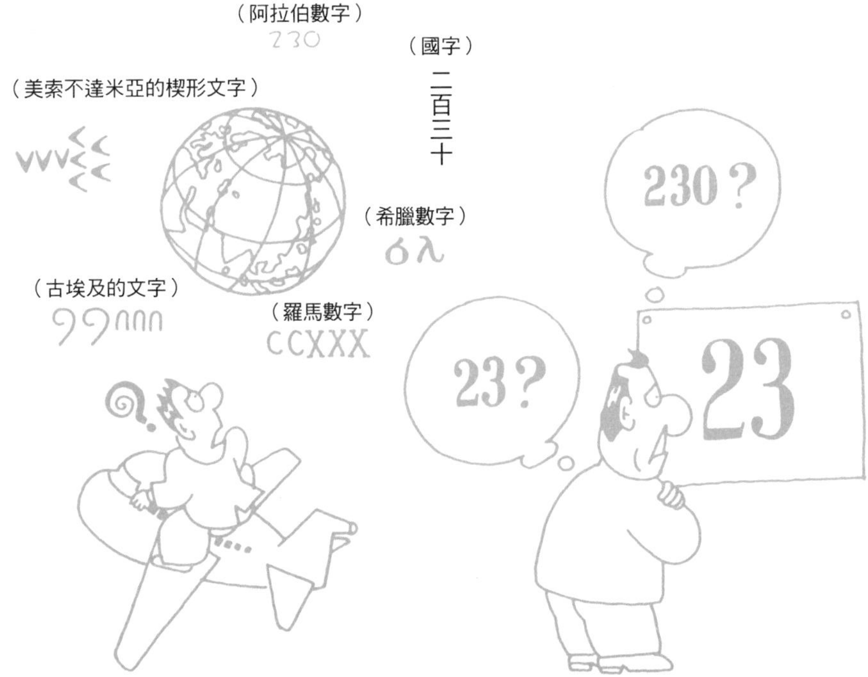

的「一元復始」。第二是用來表示「位數」，例如二百三十的數字寫成230。

一般都以十進位或二進位表示數字，這時0當然是不可缺的。古人會以空一格的寫法表示0的位置；但如此一來，有時不易分辨空下來的數目是多少。而且如果第一位是0的話，就不知道要不要空一格了。

0無所不在

在中國或日本，都以個、十、百、千、萬、億……等單位表示位數，即使沒有0還是可以表示數字。而在西方則以百、千、百萬……等單位表示數字；但是，這種表現方法卻會受限。

十進位或二進位的位數概念，可以克服這個缺點，這時0就更加不可缺少了！

環顧生活周遭的事物，可以發現「0」無所不在；例如「從0算起」、「水於0℃時結冰」、「打長途電話要加上0……」。

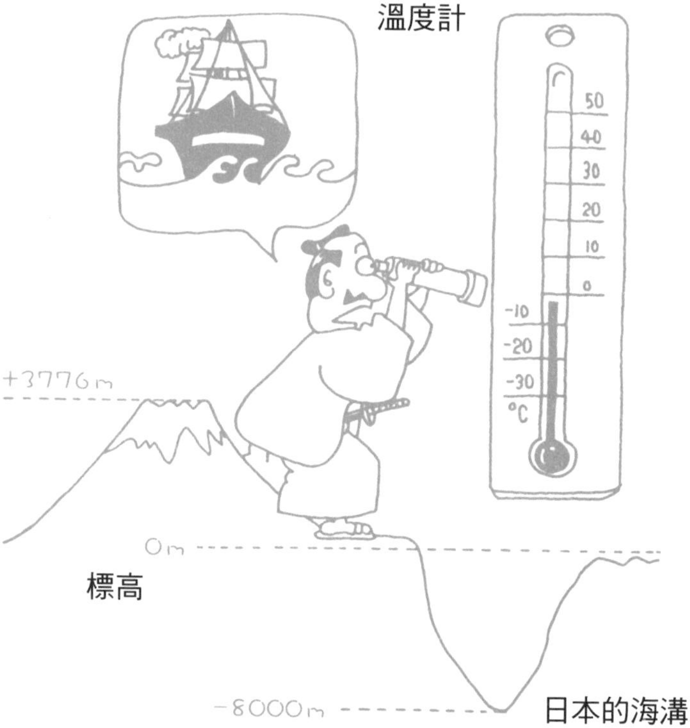

負 數的功用

計算數量時少不了負數

用來計算東西數量的數，進一步演變為加法或減法的算式，帶給人們無窮的方便。

三個蘋果加五個蘋果等於八個蘋果——人們十分自然地運用加法。同樣地，減法也是這樣嗎？事實證明減法並沒有那麼單純；五個蘋果減掉三個剩下二個蘋果沒有問題，可是，三個卻無法減掉五個！正當人們煩惱時，「負數」出現了！

不過，怎麼計算，世界上還是沒有所謂的-2個蘋果吧！儘管如此，負數仍在數學界佔有一席之地，這是為什麼呢？

我們可以從結論反推出答案：「對於自然科學的現象或人類活動的狀況，有了負數才能良好因應和記錄」；換句話說，「對應負數的現象是自然存在的！」以下試舉一些例子加以說明。

例如，你有3萬元的收入，卻支出5萬元，出現2萬元的赤字；這時的「赤字＝負數」之對應是成立的。

數學筆記

身邊的正、負數實際運用數例子　正負數可以用來表示氣溫、比較平均溫度、股市匯市的走勢、高爾夫球桿數、海拔高度、資產與負債、銀行帳戶餘額、家計簿的收支狀況等。

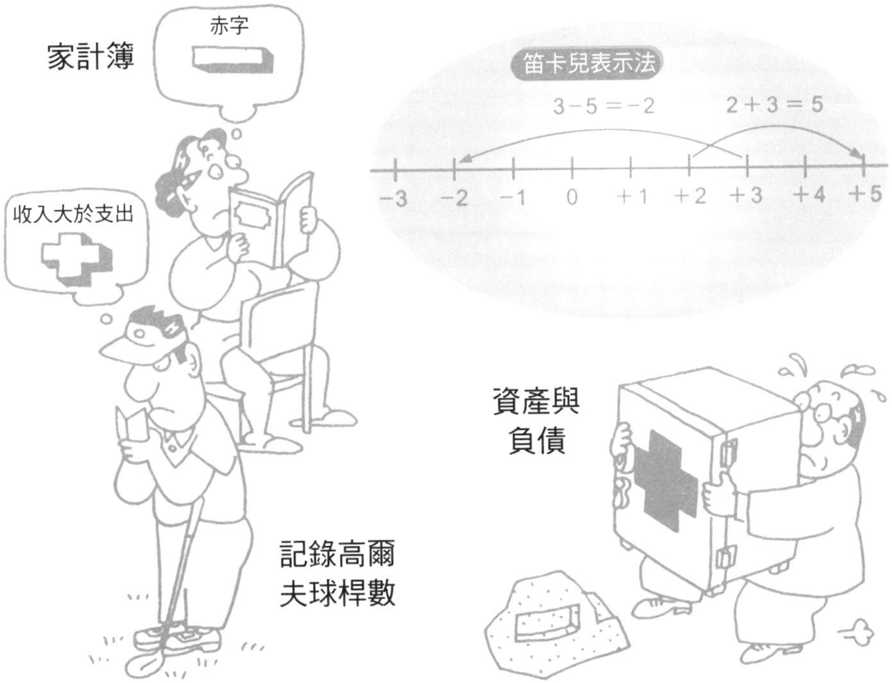

笛卡兒表示法

又如以某個原點為準，向東為正；如果先向東走7 km，再向西走10 km，則「7－10＝－3」，表示位在東方－3 km，亦即西方3 km的位置，這是笛卡兒表示法。

笛卡兒由此現象在直線上標示數字，後來更擴及到實數，即如上圖所示，畫在整數的直線上（實線數）。

其實，從歷史也能得知，以前的人解方程式時就曾出現負的答案，只可惜人們不認為那是解答。負數一直被認為是「沒有道理的數」、「假想的數」；直到笛卡兒幾何直線表示，才正視負數的存在。

這種幾何表示法，後來拯救了虛數存在的危機！

有理數的延伸

從加減乘除演算之數的觀念，延伸到有理數

●為何 $\frac{1}{2}+\frac{1}{3}\neq\frac{2}{5}$●

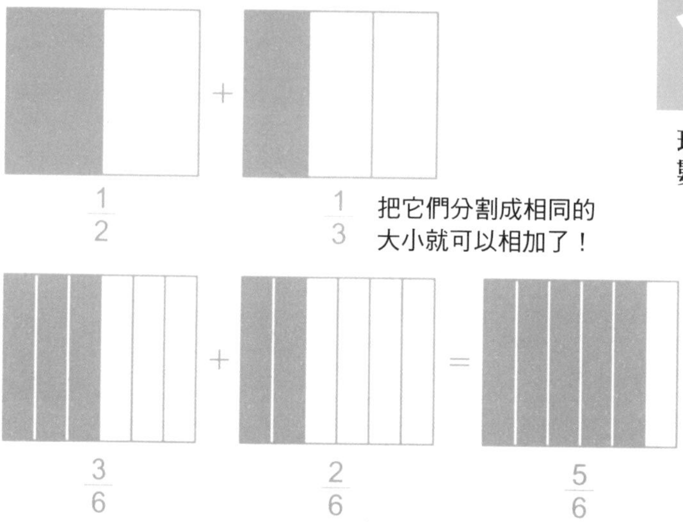

$$\frac{b}{a}+\frac{d}{c}=\frac{bc}{ac}+\frac{ad}{ac}=\frac{bc+ad}{ac}$$

把6個蛋糕分給3個人，每個人都能得到2個；但是，若要把1個蛋糕分給3個人，就要把1除以3。可是，我們無法在整數的範圍內計算這種除法，又不會產生餘數。所以若要把1分成3等份，就需要新的數來表示，也就是分數。

分母和分子都是整數的分數，稱為「有理數」。如同加法、減法可以在整數運用自如，當整數延伸到有理數時，加減乘法，甚至是除法（0除外）都能自由運算。四則運算（＋、－、×、0除外的÷）可以自由運用的數的體系，構成了完整的有理數。

關於有理數的四則運算，我想先說明兩個大家都會提出的疑問。

分數相加

第一個問題是，分數的加法。

例如，「加」不正是分母和分子各自相加嗎？這是最常見的錯誤！

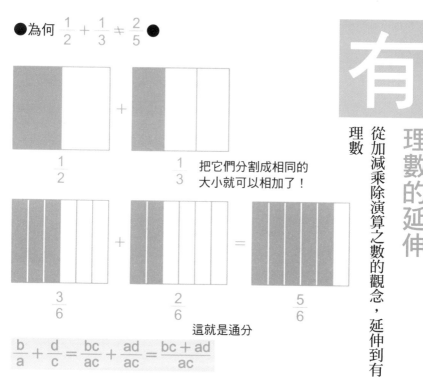

數學筆記

數有多少？ 有理數和自然數的範圍相同，整數也和自然數的範圍相同。雖然整數包括自然數，有理數又包括整數，都是無限個。

●負數乘以負數為何會變成正數？●

因為有分配律

1　0 有 a 個仍然是　$a \times 0 = 0$

2　可以這麼表示：　假設　$a = -2,\ 0 = 3 - 3$

3　$a \times 0 = 0$　　-2　$3-3$

$(-2) \times (3-3) = (-2) \times 3 + (-2) \times (-3)$

這個式子為 0

適用分配律

$(-2) \times 3 + (-2) \times (-3) = 0$
\parallel
-6

把 -6 移到右邊

$(-2) \times (-3) = 6$

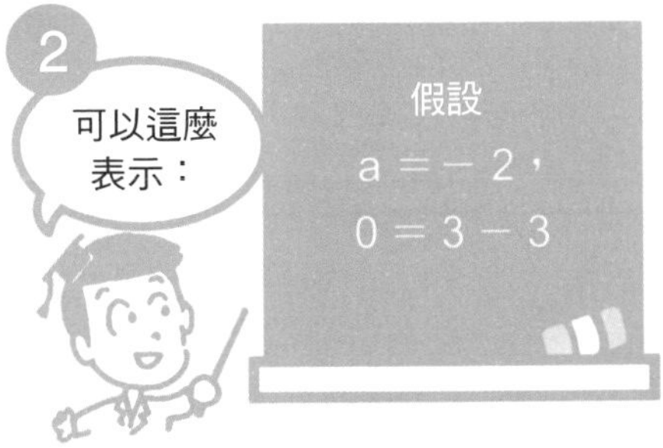

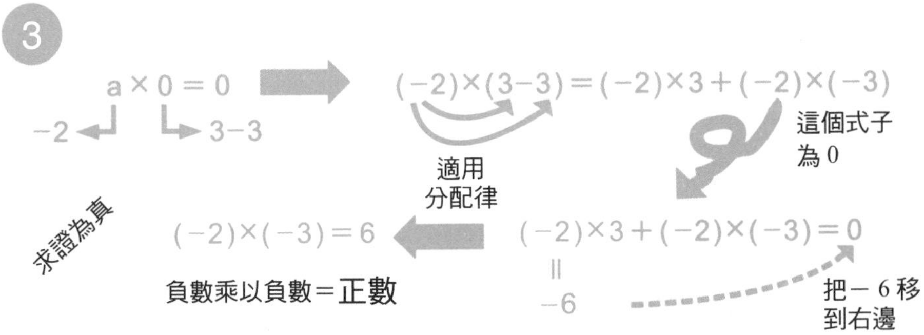

從上圖可以知道錯在何處。當然兩個分數相加時，各分數要先通分，讓分數變成大小相同的小長方形之和。如果大小不一，就無法這樣相加或相減。

負數相乘

另一個問題是，負數乘以負數為何會變成正數？要回答這個問題之前，先說明負數乘以正數為何會變成負數。例如，−2乘以3，即3個−2相加，所以等於−6。

但是，−2乘以−3怎麼會等於6？

從直覺上來看，負數就是正數的相反；所以，負數乘以負數就是相反的相反，也就變成原來的正數。

相較之下，數學上的解釋比較有根據。代數上有所謂的分配律；如果此一分配律全部由有理數組成，如上所示，負數乘以負數就會變成正數！

無理數的存在

有理數已得證，無理數的春天在哪裡？

畢達哥拉斯定理

就人們日常生活中使用的數來看，似乎有有理數就夠了；但是仔細想一想，古人早已發現有理數的不足。

這與畢達哥拉斯定理有關。

如左圖所示，畢達哥拉斯定理，直角三角形三邊分別為 a、b、c，呈 $a^2 + b^2 = c^2$ 的關係。這個定理不僅具有幾何上的意義，還對數的觀念產生重大的影響。

斜邊長不可能是有理數

我們特別以 a、b 都是1的直角三角形來看；畢達哥拉斯學派的學者發現，這時的斜邊長 x 不可能是有理數！當時的學者是藉由圖形直覺地證明，證據比較薄弱；但是，非有理數之「數」的存在事實，對人類卻有極大的意義。

這個論點後來在希臘學者亞里斯多德所

$\sqrt{2}$ 不是有理數的證明

先假設 $\sqrt{2} = x$ 為有理學：

可以寫成 $x = \frac{a}{b}$，a、b 為自然數，

★同時，a 和 b 沒有公因數。

又 $x^2 = 2$，即 $\frac{b^2}{a^2} = 2$

$b^2 = 2a^2$ ……………(1)

從(1)可知 b 一定是偶數！

所以，$b = 2c$（c 為自然數）……(2)

再把(2)改為(1)：

$4c^2 = 2a^2$

$2c^2 = a^2$ ………………………(3)

試著比較(1)和(3)的式子，會發現它們居然一樣！

故 a 也是偶數，a 和 b 都是偶數，也就是說，a、b 有公因數 2。

咦！奇怪？結果怎麼和上面打★符號的地方互相矛盾？

所以，x 不可能是有理數。

數學筆記

有理數和無理數　在數線上有許多有理數，有理數與有理數之間則是無理數；事實上，無理數比有理數多。許多大學數學都會教到這個觀念。

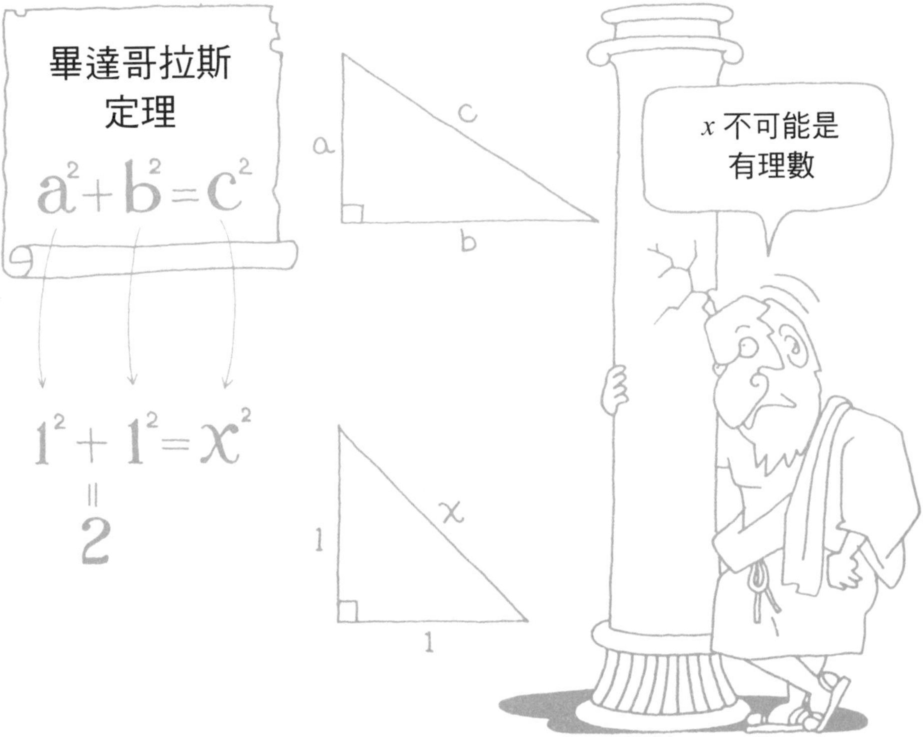

著的《分析論前書》中，獲得明確的證明如上；證明十分簡單，到現在仍然沿用。

一開如，畢達哥拉斯學派對於這個理論「三角形的邊長全都是有理數」剛好牴觸的意外發現相當困惑，還刻意隱瞞事實；不久，秘密走漏風聲才為世人所知。

一個新符號

如上所述，邊長為1的正方形，對角線長度的平方為2——這個事實不容否定。而且，若非有理數，也需要給它一個新的符號；這時人們想到「√」，據說最早是由笛卡兒所提出。

像這種非有理數的數，稱為「無理數」；有理數和無理數合稱為實數。實數排成一列可構成一條直線，直線上的各點都是實數。亦即，實數可視為直線上的各點。此外，由於時間具連續性，即可用實數來表示。

不可思議的虛數 i

複數真的存在嗎？

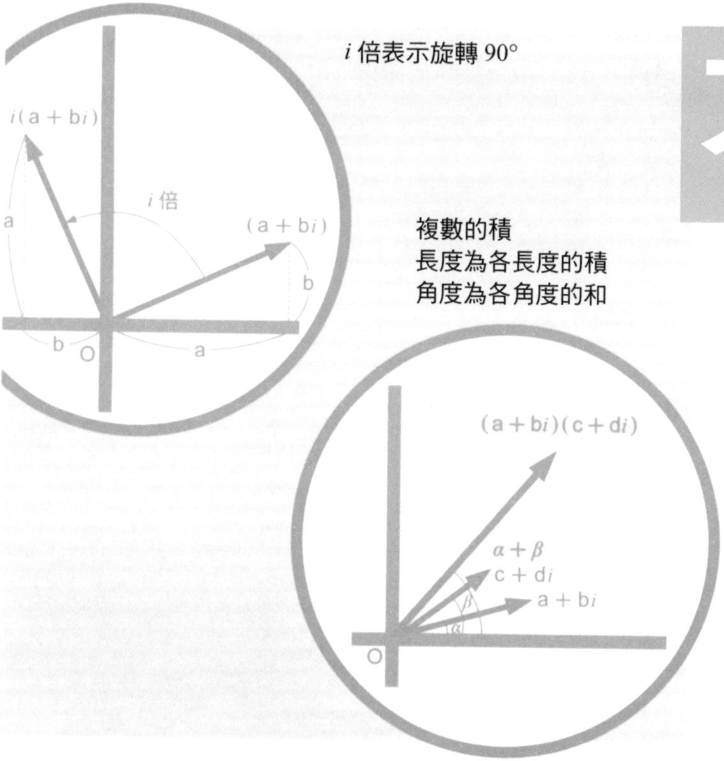

實數的平方，不是變為0就是變成正數，所以，以前的人一直很困擾，有沒有平方就變成-1的數？因為在實數的範圍中，看不到這類數字。

因此，為了在形式上導入這個平方就變成-1的新數，就用「i」這個符號來表示。

虛數最早出現在二次方程式的解答公式中；當一個數式為負值時，虛數便會出現在解答中。

虛數正如其名，誕生時經歷不少波折。瑞士數學家歐拉（Euler）把$\sqrt{-1}$稱為虛數單位，並以「i」來表示；將寫成$a + bi$（a、b為實數）的數稱為「複數」。

當數延伸到複數時，如同二次方程式的解答公式一般，均可找到答案，三次方程式或四次方程式也一樣。

儘管如此，複數的解答究竟具有何種意義——這個答案並非一直都是肯定的！到最後還變成「複數真的存在嗎？還是原來就存

數學筆記

虛時間　英國的輪椅天才物理學家史蒂芬．霍金（S. Hawking, 1942～2018）提出相對於一般時間的「實時間」，導入虛數概念的「虛時間」理論；這種理論並不是無時間、無物體的。

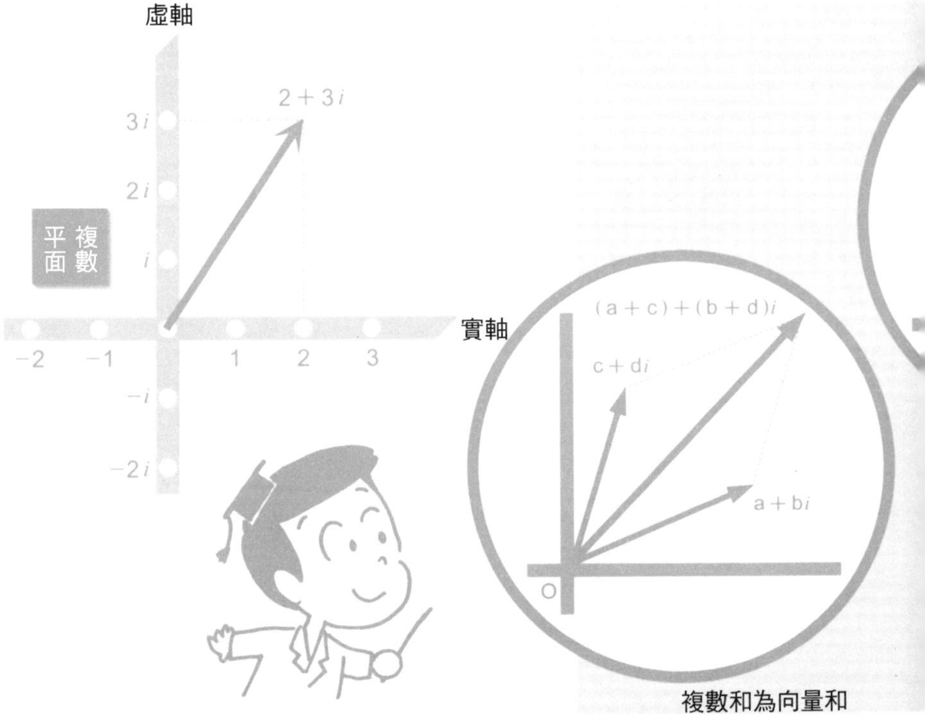

複數和為向量和

在了？」這類哲學性的問題。

直到德國的天才數學家高斯（Karl Friedrich Gauss, 1777～1855）出現，才為這場長期的爭論劃下休止符。就像直線上的點可以表示實數一般，高斯以座標（a、b）平面上的點來表示 $a + bi$。

把代表複數點集合所表示的平面，稱為「高斯平面」或「複數平面」。高斯透過平面幾何學的意義，為複數下了新的註解。

一般使用複數可以求得四次以下的方程式之解，但高斯將它延伸，得以所謂的「代數基本定理」——「n次方程式在複數的範圍內，有n個解答。」進一步證實複數不容質疑的存在性。

複數不僅是一種數學理論，也是量子力學這種理論物理學所不可欠缺的；甚至電磁理論也會用到複數。

單純又神秘的質數

「質數」為數的原子

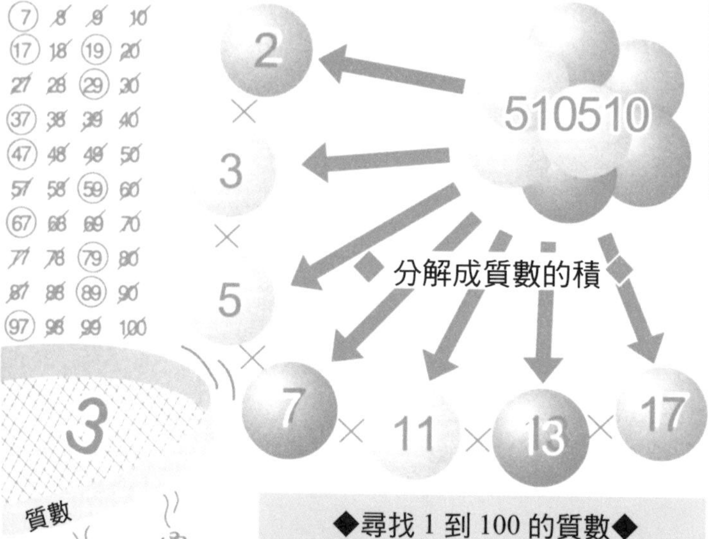

◆尋找 1 到 100 的質數◆

(1)先去掉 1。
(2)再去掉 2 以外的 2 的倍數，則質數 2 下一個最小的質數是 3。
(3)去掉 3 以外的 3 的倍數，同樣的，下一個質數是 5。
(4)去掉 5 以外的 5 的倍數（繼續去掉其他數字的倍數，方法都一樣）。

整數論為數學之王

整數的基本元素就是「質數」；所謂質數是除了1與自己之外，無法被其他數整除，且大於1的整數，如2、3、5、7等。

德國著名的數學家高斯曾說：「數學為科學之王，而整數論為數學之王。」整數論的中心課題正是研究質數；其理由是，只要是比1大的任何數，都可以分解為質數的積。不管順序，分解的方法只有一種；這就是整數具有的基本特質——「質因數分解的唯一性」。

物質是由原子所構成，質數可以說就像整數的原子。

物質的性質會因原子的組合出現各種特徵，整數的性質也依質數的組合而有差異。這種質數之各種性質的研究，成為整數論的重要課題。

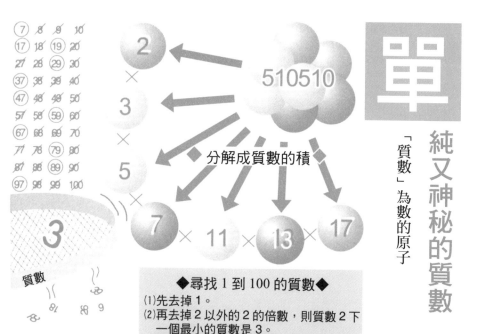

數學筆記

反證法 證明某種定理時，先否定其結論，再做推論，最後會出現矛盾；由此證明最初的結論是正確的。

先假設質數為有限個，再依其大小依序排成 P_1、P_2、P_3……P_n。

這時，$N = P_1 \times P_2 \times P_3 \cdots \times P_n + 1$

要找出 N 的質因數，因為 $N > P_i$，

$i = 1$、$2 \cdots n$

> a）如果 N 為質數，N 為最大的質數且大於 P_n！結果矛盾！
>
> b）如果 N 不是質數，應該會被 P_i 整除。但是，任何數除以 N 都會餘 1！
>
> 這也是矛盾的結果！

當假設質數為有限個時，會產生這種矛盾的結果，所以：

質數應該是無限個！！

要如何斷定某數有沒有質因數呢？

例如，出現某一個數字時，只要用小於此數的所有數字除除看，就能知道它有無質因數。事實上，我們很快就發現，只要確定此數的平方根以下就知道了。但是，若數字很大，即使用電腦也不易找出所有的質因數。所以實際驗證時，都會加入數學的觀念，試圖簡化電腦的運作。

把這個困難點反向操作，質數卻是用於密碼的絕佳素材。

如果質數果真那麼重要，不免有人會問：「質數究竟有多少個呢？」

令人意外的是，早在西元前就有人對這個問題提出解答——質數的數量為無限個！他就是活躍於幾何數上的古希臘數學家歐幾里得；這個定理被喻為「希臘數學理論上最美的定律」。

到了現在，證明這個定理的傳統方法，就是採用假設質數為有限個，結果矛盾的反證法，加以證明。

COLUMN

每個數字都有不同的意義

古希臘人認為每個數字都有不同代表的意義；例如，1表示創造，2表示女性，3象徵男性，所以，2加3變成的5代表結婚。

接下來是特別的6。除了6本身之外，3的因數還有1、2、3，而1加2加3正好等於6。希臘人發現這個不可思議的性質後，把6稱為「完全數」（perfect number），視其為神聖的數字。也有一種說法是，6來自神以6天創造了萬物的創世紀。

像6之類的整數n，除了n之外，其他的因數相加正好等於n的時候，n稱為完全數。

接下來再來看看這個有趣的完全數。6的下一個完全數是28，這個數字還很小，那麼，下一個呢？咦！似乎不好猜囉？答案是496！接下來是第四名的 8128——到此為止都是在希臘時代發現的。而第五名直到中世紀才為人所知，答案是 33550336！

在沒有計算機的時代，可能要算很久才有辦法算出來；現在只要按一按計算機，即可找出31個完全數。

相對於完全數這種數字的特質，還有2個數字互有關聯的友好數（Amicable number）和婚約數。

兩個整數a與b，當除了a以外的其他因數之和，加起來等於b；除了b以外的其他因數之和，加起來等於a時，a與b稱為「友好數」。如果除了a和1以外的其他因數之和，加起來等於b，除了b和1以外的其他因數之和，加起來等於a，那麼a與b稱為「婚約數」。

尋找這種友好數和婚約數，需要相當的耐心；最小的友好數為220和284；最小的婚約數為48和75。

目前已知的婚約數全部都是偶數和奇數的組合，尚未找到偶數和偶數、奇數和奇數間的組合；或許是因為這樣，它們才叫作「婚約數」吧！

第2章

數的關係

「函數」的故事

何謂函數？

飲料及車票自動販賣機就是一種函數的運用

互有關係的數字

一提到函數，馬上會讓人想到一次函數或二次函數；而接下來應該是會想起三角函數、指數函數與對數函數吧！即使你已經知道一些具體的函數，如果有人突然問你：

「何謂函數？」相信有些人還是講不清楚，也說不明白。

所以，我們首先要針對這個疑問下個定義：「所謂的函數指關於兩種事物，當一方決定時，另一也會被決定的對應關係。」

例如，如果1小時可以生產10輛車子，2小時就可以生產20輛車子，3小時生產30輛車子……，只要時間決定了，生產的數量也可決定。這種關係稱為函數；寫成式子就會是：

$$y = 10x$$

這裡的x代表時間，y代表生產的數量。

在我們生活周遭，還有許多運用函數的例子。

名字也是函數的一種

每個人都有自己的名字——這是函數；某個團體的成員，都有自己的年齡，這種關係也是函數。

車站的車票自動販賣機，只要投入足夠的金額，按下目的地按鍵，就能買到想要的車票；亦即，「按鍵→目的地車票」這種對應也是函數關係。其他像飲料或面紙販賣機等都是函數的運用。

學校的學生或公司的研究人員，都有自己的學號或編號，才不會發生同名同生弄錯對象的烏龍事件；像這種不同的人、物有不同的對應之函數，稱為一對一函數。

當然，有些自動販賣機會有兩個按鍵都可買到相同果汁的設計，故一般的函數不限於一對一的關係。

由以上可知，函數充斥在人們生活中；有些複雜的事物，透過函數來表現，反而會比較清楚呢！

數學筆記　**函數 f(x)**　這裡的 f 指的是 function，原意為功能。

函數充斥在人們的生活中

一目了然的座標圖

一次函數為直線，二次函數為拋物線，反比為雙曲數

一般而言，圖表比式子更具有視覺上的效果，所以，只要把函數畫成座標圖，可變得更容易理解。

以下試舉幾個基本的函數為例，畫出座標圖。在有數字的函數中，最簡單的是一次函數。

$y = ax + b$（a和b為常數）

這種函數畫成座標圖後會是一條直線。

此類一次函數特別的是：

$y = ax$（假設$b = 0$）中，x與y成例的關係。這時座標圖是一條通過原點的直線。

在化學上，計算各種反應時，常利用這種比例關係；而生活中許多事物也常出現這種關係。

例如，彈簧秤利用物體的重量與彈簧伸長量的比例性質；密度一定的物質，體積與質量會成比例；若是外在阻力相同，則電流會與電壓成比例。

二次函數也常出現在生活中。例如小石頭從高樓頂部落下的距離與時間關係，正好就是時間的二次函數。亦即，在不考慮空氣阻力的前提下：

$y = 4.9t^2$

若想知道井中水面深度或橋面的高度，可算出小石頭掉到水面上的時間。

一元二次函數畫成座標圖，是一條拋物線；一般來說，拋物軌跡便是一元二次函數的座標圖，所以，這種座標圖就稱為拋物線。

此外，球的體積以半徑r函數來表示：

$V = \frac{4}{3}\pi r^3$

這就是三次函數的例子。

其他成反比的關係也經常可見。如汽車進行兩地之間時，車速與時間會成反比；電壓一定時，電阻與電流也成反比。反比的式子寫成：

$y = \frac{a}{x}$

畫成座標是一條「雙曲線」。

數學筆記

雙曲線航法　雙曲線上的 2 個定點之距離，都有一定的差距；所以，船隻在海上可以利用，測得電波抵達的時間差，探知船的位置，這就是雙曲線航法。

用座標圖標示，一目了然

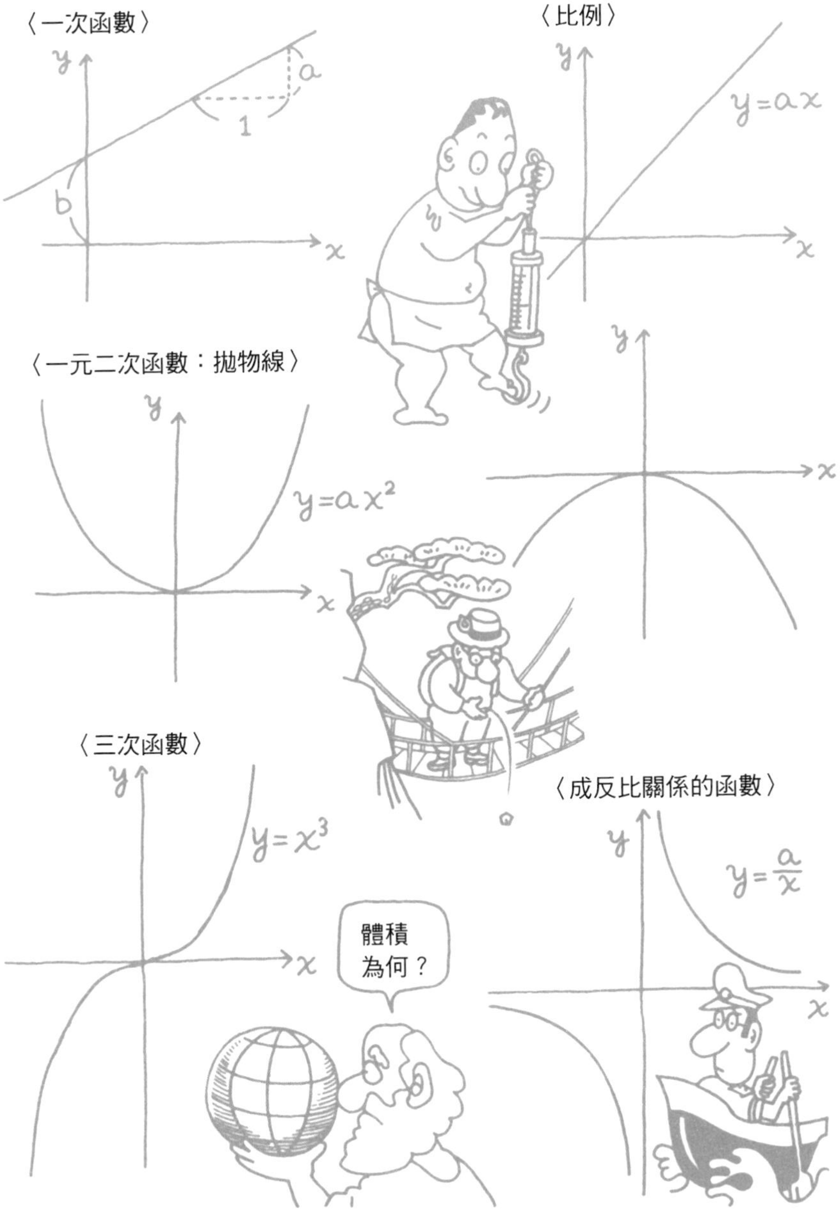

方程式的解題絕招

解題的要訣在於建立方程式

式子以等號相連

有一類似函數卻非函數的式子叫作「方程式」，和函數之間有密切的關係。

所謂的方程式，即二個函數以等號相連的式子（等式）；解方程式就是找到符合這個等式的值。

古埃及或古希臘的數學幾乎都是幾何學的天下；相對於幾何學的代數，一直到三～四世紀左右，才由古希臘數學家丟番圖草創。

數學方程式碑文

丟番圖墓碑上的碑文：

「丟番圖生命的六分之一為少年期，十二分之一為青年期，七分之一為獨身歲月；他結婚後五年才生的孩子，只活了丟番圖年紀的一半，且早四年去世。」

那麼，丟番圖究竟活了幾歲？

想解開這類的問題時，想求的解設為 x，寫出方程式即可。這時不要急著找出答案，應仔細思考題意，再把式子列出來。

加、減的位置移項

列出方程式之後，再來解題；這時的式子變化之重點是，「等號兩邊要加入、減出、乘以（0以外的數字）、除以相同的東西」。

方程式的解題結構其實很簡單，只要注意加、減的位置「移項」；而且，等號兩邊同時移項會比移項後再計算來得簡單，也比較不會出錯。

代數天平

這時的等式就像是要在天平兩端保持平衡一樣，不管是加入或拿掉同重量的東西，一定要確保天平的平衡。

事實上，以數學教育聞名的教具——代數天平，其構想最佳之處，就是連負的重量也可以計算喔！

數學筆記

丟番圖（Diophantine） 一生致力於研究一次、二次等方程式或特殊的高次方程式之解法，著有《數論》，是最早用符號解開方程式的人，素有「代數之父」之稱。

設計方程式的重點

把想求的解設為 x，依照問題寫成方程式，不必考慮太多的枝節。

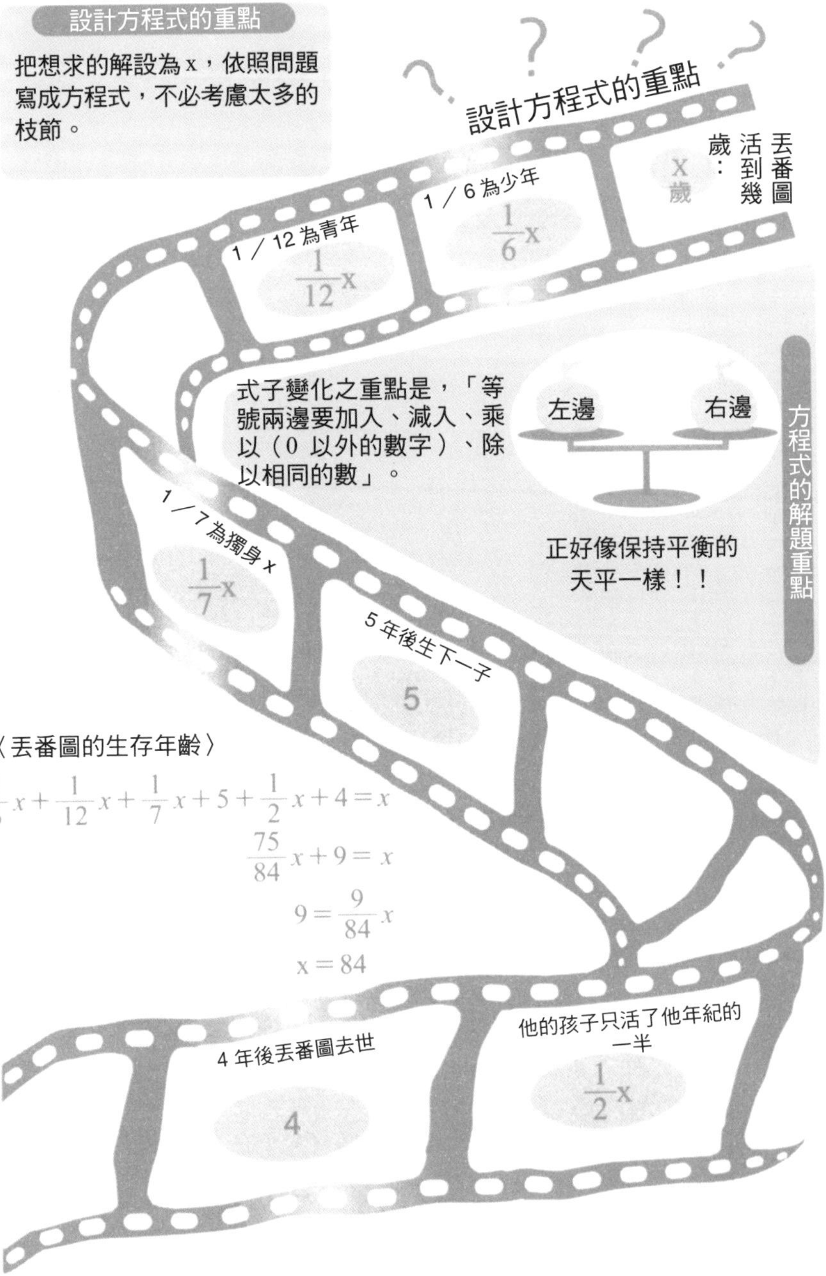

方程式的解題重點

式子變化之重點是，「等號兩邊要加入、減入、乘以（0 以外的數字）、除以相同的數」。

正好像保持平衡的天平一樣！！

〈丟番圖的生存年齡〉

$$\frac{1}{6}x+\frac{1}{12}x+\frac{1}{7}x+5+\frac{1}{2}x+4=x$$

$$\frac{75}{84}x+9=x$$

$$9=\frac{9}{84}x$$

$$x=84$$

聯立方程式的鶴龜算法

複雜的計算重點在寫出方程式

兩個以上未知數

前面提到的方程式都只有一個未知數；若像出現二、三個未知數等比較複雜的問題，常令人想到龜鶴算法（類似雞兔同籠問題）。

未知數有兩個的方程式稱為二元方程式，這時需要設定兩個方程式，才能找出正確的答案。而這兩個為一組的方程式就叫作「聯立方程式」。

兩隻腳與四隻腳

接下來，我們來探討龜鶴算法的問題：

「龜與鶴共有8隻，共有22隻腳，試問龜與鶴各有幾隻？」

以前的人還沒有代數觀念，會用自己的辦法找出答案：已知鶴有2隻腳，龜有4隻腳，先把龜的2隻後腳縮起來。

烏龜縮起兩隻腳

如此一來，龜與鶴都是2隻腳，即$2 \times 8 = 16$，共有16隻腳；可是題目原有22隻腳，即差了$22 - 16 = 6$隻腳。

又因烏龜一隻少算2隻腳，故$6 \div 2 = 3$，所以，烏龜有3隻，鶴則是$8 - 3 = 5$隻。

這種解法利用烏龜縮起2隻腳的特性找到答案，但在代數中，不會有如此現實性的思考。

純粹是把鶴設為x，龜當作y，即鶴的腳為$2x$，龜的腳為$4y$，一一列出方程式即可。

將式子畫成座標圖

聯立方程式畫成座標圖，所有的題意可表示得清清楚楚；所以，這種龜鶴算法的兩個式子，當然也可以畫成座標圖。

即①式與②式各畫一直線，兩直線交點的那組數字就是解答。

數學筆記 **各種算法** 除了這裡的龜鶴算法之外，代數還可以運用在雞兔同籠、年齡、時間、流水、工作、旅人、分配、植樹、削減等等算法中。

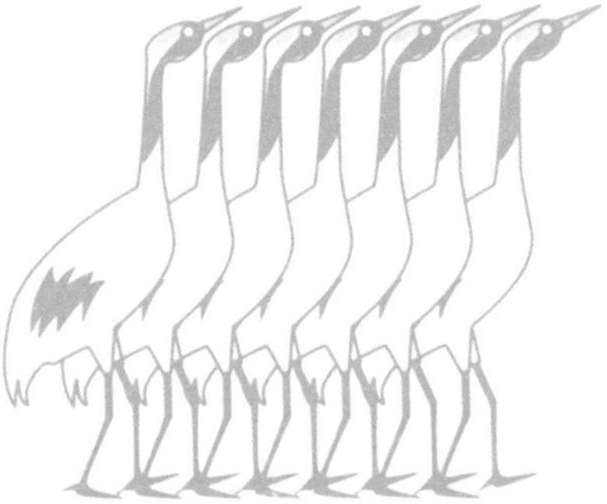

鶴有 2 隻腳

縮起後腳的龜也是 2 隻腳

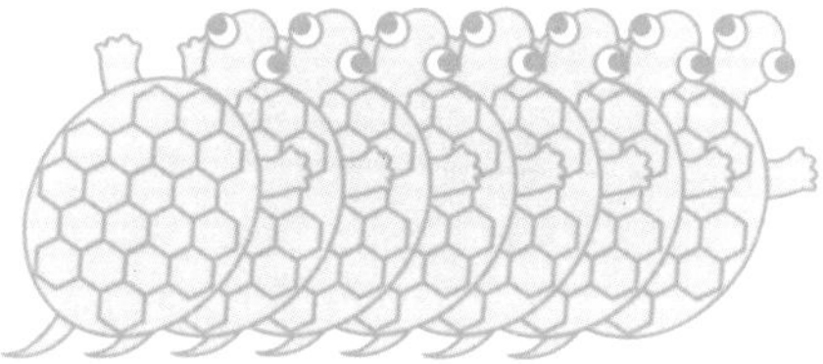

❶ 把龜鶴都視為 2 隻腳　　$2 \times 8 = 16$

❷ 然後再計算縮起的 2 隻腳　　$22 - 16 = 6$

$6 \div 2 = 3$

所以，鶴有 5 隻，龜有 3 隻。

以聯立方程式解龜鶴算法的問題

●寫出方程式●

假設鶴為 x 隻，龜有 y 隻

$$\begin{cases} x + y = 8 \cdots\cdots ❶ \text{共有 8 隻} \\ 2x + 4y = 22 \cdots\cdots ❷ \text{共有 22 隻腳} \end{cases}$$

●解法●

將❶式的兩邊各乘上 2

$\rightarrow 2x + 2y = 16 \cdots\cdots$ ❸

再用❷式減去❸式

$$\begin{array}{r} 2x + 4y = 22 \\ -)\ 2x + 2y = 16 \\ \hline 2y = 6 \end{array}$$

$y = 3$（兩邊都除以 2）

再把 y 帶入❶式中

$x + 3 = 8$

$x = 5$（兩邊都減去 3）

所以，鶴有 5 隻，龜有 3 隻。

●用座標圖表示聯立方程式●

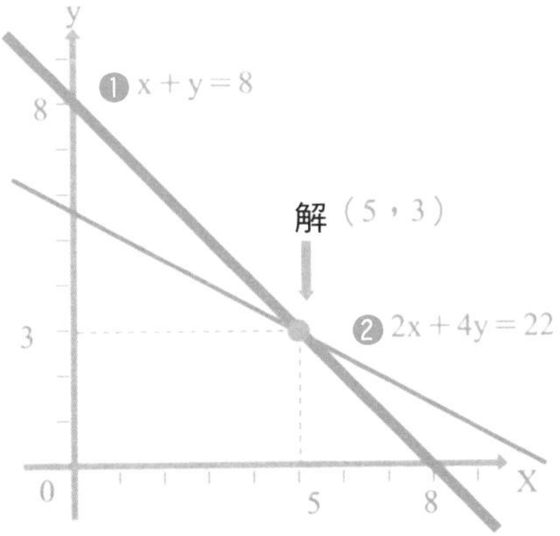

二次方程式的解題公式

以二次方程式的判別式判斷解答的性質

以二次方程式的判別式，判斷解答的性質。二次方程式類似二元方程式，不同的是，二元方程式有x、y兩個未知數；但是，二次方程式只有一個未知數x，而且x是二次方——x^2。

一般二次方程式寫成：

$ax^2 + bx + c = 0$（其中a、b、c為常數）

二次方程式在特殊情況，可以用因式分解求解；但是一般來說，用因式分解的情形不多，而需以解題公式代替。

這種解題公式大多在高中才會出現，只要演算熟練，無論a、b、c任何數字，都不必擔心！

在解題公式中，$b^2 - 4ac$（假設為D）稱為判別式；如果D為負，此方程式的解就不是實數。

非實數的解

由於前面求得的答案都是實數，所以，非實數的解稱為「無解」；不過，在廣義上，還是可以歸入虛數的討論範圍。

如用座標圖表示二次方程式，答案就變得一清二楚；把二次方程式的左邊設為y，寫成：

$y = ax^2 + bx + c$

如次頁所示，把這個二次函數畫在座標上。由圖可知，二次方程式的解就是，此二次函數圖形和x軸（即$y = 0$的直線）相交的點。

如圖(a)所示，有二個解，此時判別式D為正數；但當D為0時，如圖(b)所示，拋物線與x軸相交，解只有一個。如果D為負，如圖(c)所示，拋物線未與x軸相交，表示解不是實數。不過，在「複數」的世界裡，這個解可是很常見呢！

從上述可知，我們由判別式D即可找出方程式解答的性質，從座標圖來看，這層意義更是令人印象深刻。

數學筆記

解與係數的關係　2 次方程式 $ax^2 + bx + c = 0$ 有 2 個解，相加變成 $-\frac{b}{a}$；相乘變成 $\frac{c}{a}$；利用這個特性，可以計算「相加為 10，相乘為 24 的 2 個數為何？」這類的謎題。

解題公式

$$ax^2 + bx + c = 0 \ (a \neq 0)$$

先把 c 移到等號右邊，兩邊除以 a：$x^2 + \frac{b}{a}x = -\frac{c}{a}$

為表現平方格式，兩邊都加入 $\left(\frac{b}{2a}\right)^2$ $x^2 + \frac{b}{a}x + \left(\frac{b}{2a}\right)^2 = \left(\frac{b}{2a}\right)^2 - \frac{c}{a}$

將左邊改成平方的格式：$\left(x + \frac{b}{2a}\right)^2 = \frac{b^2 - 4ac}{4a^2}$

兩邊再開平方根：$x + \frac{b}{2a} = \pm\frac{\sqrt{b^2 - 4ac}}{2a}$

所以：$x = \frac{-b \pm \sqrt{b^2 - 4ac}}{2a}$

二次方程式 $x^2 - 9x + 20 = 0$

〈因式分解法〉

$(x-4)(x-5) = 0$

$x = 4，5$

〈解題公式〉

$x = \frac{9 \pm \sqrt{81 - 80}}{2}$

$= \frac{9 \pm \sqrt{1}}{2}$

$= 4，5$

判別式 $D = b^2 - 4ac$ 可判斷解的性質

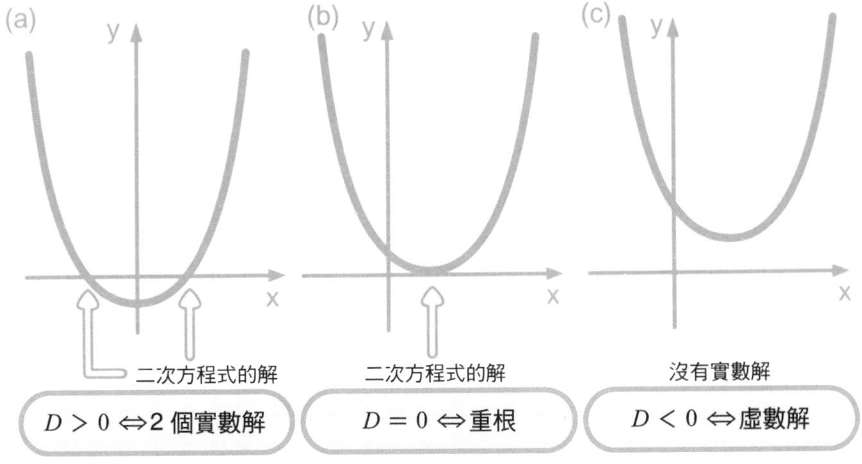

三次方程式及解題秘密

數學史上最引人矚目的解法插曲

人類早就發現一次和二次方程式的解法，在知識好奇心的驅使下，繼續延伸至三次或四次方程式。有關這類方程式解法的許多發現與發表之插曲，都發生在十六世紀的義大利，十分有趣呢！

最早接觸這類問題的是，波洛尼大學的司基皮歐．提爾．費羅；他發現了特殊類型的三次方程式解法，傳給弟子福羅里達斯，但是沒有對外公開。

另一方面，尼可羅．馮大拿發現了一般的方程式解法。馮大拿出生於十分窮困的農家，獨自鑽研數學、努力不懈的結果，終於找到三次方程式的解法。

當時流行「數學比賽」，馮大拿使邀請費羅一起參加。他們在這次公開比賽中各出三十道數學題，結果馮大拿二小時內全部解開費羅的問題；相對於此，費羅對於馮大拿的問題一題也解不開。馮大拿依當時的習俗，未將解法公諸於世。

可是，有一個人對馮大拿的解法很感興趣——米蘭的卡爾丹諾。他憑著三寸不爛之舌說服馮大拿，表示在絕不對外洩密的前提下，獲得馮大拿的解題方法，結果後來引發一連串的爭議。

因為卡爾丹諾違背約定，在其著作《Ars Magna》（大藝術）中公開解題法。這時馮大拿懊悔不已，也出言抗議；但是，卡爾丹諾卻裝無辜。

心有不甘的馮大拿公開向卡爾丹諾宣戰，而出席比賽的卻是卡爾丹諾新進的聰睿弟子——非拉里；不幸的是，馮大拿在比賽中失敗了。

所以，直到今天，人們都認為發現三次方程式解法的是卡爾丹諾！

順帶一提，四次方程式的解法是非拉里發現的！

以上就是數學史上，有關三次、四次方程式解題的著名插曲；即使到了今天，此類醜聞也時有所聞呢！

數學筆記 卡爾丹諾（1501～1576） 義大利數學家，也是王室的占星師和御醫，更是知名的賭徒呢！

卡爾丹諾的公式：

$\rightarrow ax^3 + bx^2 + cx + d = 0$ （$a \neq 0$）

當 $x = t - \dfrac{b}{3a}$ 時，代入得 $t^3 + 3pt + q = 0$

$\left(p = \dfrac{1}{3}\left(\dfrac{c}{a} - \dfrac{b^2}{3a^2}\right)\right.$、$\left. q = \dfrac{2b^3}{27a^3} - \dfrac{bc}{3a^2} + \dfrac{d}{a}\right)$

這個 t 的三次方程式之解為：

$t = A + B$、$A\omega + B\omega^2$、$A\omega^2 + B\omega$；但

$A = \dfrac{\sqrt[3]{-q + \sqrt{q^2 + 4p^3}}}{2}$、$B = \dfrac{\sqrt[3]{-q - \sqrt{q^2 + 4p^3}}}{2}$

$\omega = \dfrac{-1 + \sqrt{3i}}{2}$（1 的立方根中的 1 個虛數根）

故此三次方程式的解為：

$x = A + B - \dfrac{b}{3a} A\omega + B\omega^2 - \dfrac{b}{3a} A\omega^2 + B\omega - \dfrac{b}{3a}$

依據三次方程式的解法，複數取得掌控權。

三次方程式的解法即使有實數解，一般還是透過複數加以表示。
結果，複數取得解題公式的掌控權。

在十六世紀的義大利，三次方程式和四次方程式依序被解出，因此大家都會覺得要解出五次方程式只是時間上的問題。但這時卻發生數學史上最令人驚訝的事情。

因為挪威的數學家阿貝爾（A. H. Abel, 1802~1829）證明了五次方程式根本沒有解題公式；而他那時才二十一歲，非常年輕！

能夠證明方程式「無解」，是多麼不易；但這也十分令人震驚；因為這表示五次方程式絕對解不開，而非經過各種嘗試才失敗呢！

阿貝爾提出的這個證明，當然也傳到當時的數學界翹楚高斯耳中；一開始，高斯也是不屑一顧，但到最後，高斯也給他極高的評價。

真的有方程式解法嗎？

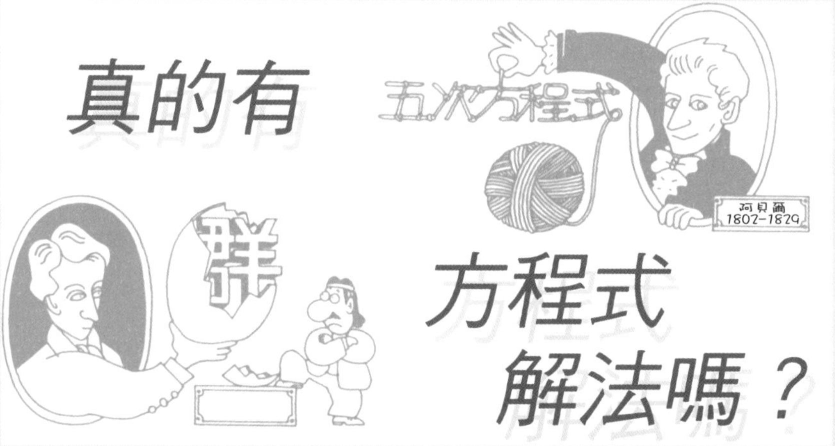

而在另一方面，法國的年輕數學家哥羅亞（E. Galois, 1811~1832），也一直在研究一般方程式中的解題公式是如何存在的。當他向巴黎科學學院報告這個結果時，和阿貝爾一樣，受到眾人質疑的眼神。

哥羅亞最終以決鬥身亡的戲劇性下場結束一生，但在決鬥前一天所寫的論文，內容可不輸這種戲劇性的下場。這篇論文不僅針對方程式的解法得出結果，還出現現代數學代數基礎的「群」（Groups）概念！

由此可知，人類透過阿貝爾和哥羅亞這兩位年輕天才數學家的努力，了解五次以上的方程式為無解的事實；同時，也開啟現代代數基礎「群」的概念。

第 3 章

解密幾何學之美

「形狀」的故事

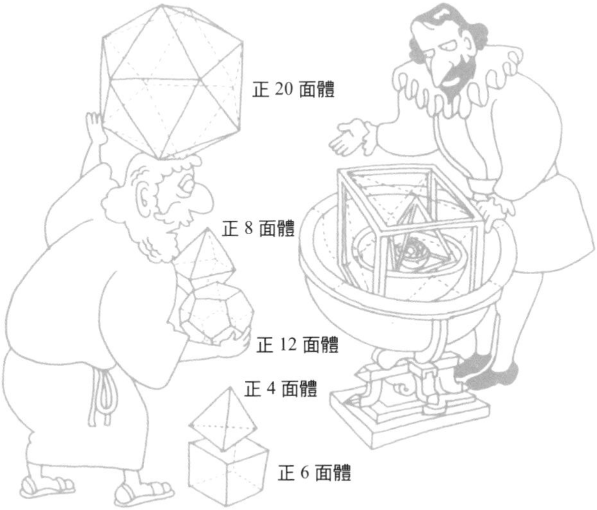

幾何學大復活！

三角形的五心——重心、內心、外心、旁心、垂心

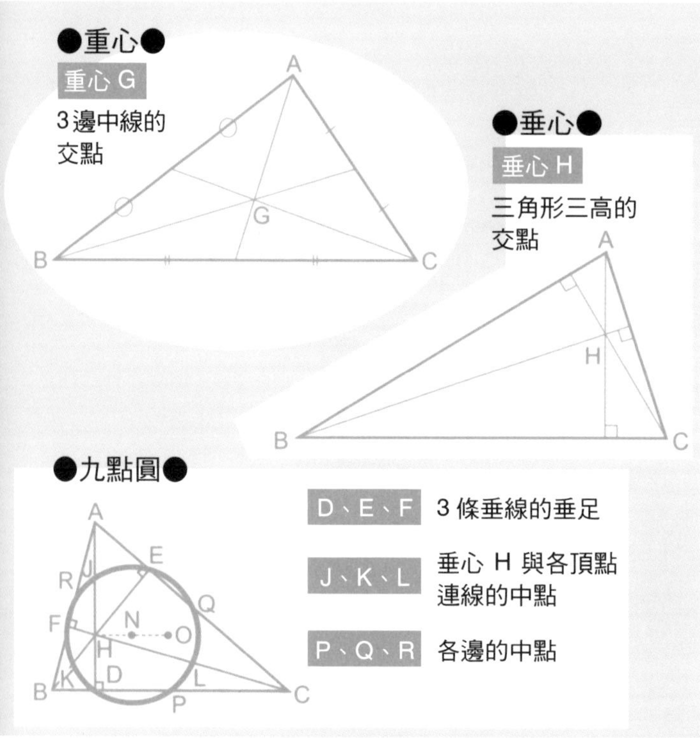

「內心」、「外心」、「旁心」

到了高中的數學課，幾何學不再是「重心」；但是，期間還是有人極力呼籲「幾何學大復活！」這是因為就主題而言，幾何學不僅深具美感及魅力，也能讓人得知證明題上所用的論證是多麼重要。

例如，三角形的五心即是十分重要的一環；所謂的五心即重心、內心、外心、旁心、垂心。

其中「內心」就是三角形3個內角之平分線的交點；「外心」是3個邊之垂直平分線的交點；「旁心」是1個內角的平分線與其他2個外角的平分線之交點。

所以，內心、外心和旁心各自成為內接、外接和旁接於三角形之圓的中心點。

「重心」和「垂心」

「重心」即三角形3個頂點之中線的交

數學筆記　歐拉 Euler（1707～1783）　以數學為基礎，在天文學、造船學、工學、力學、醫學等不同領域發表許多論文；他最早把虛數寫成 i，並將自然對數用 e 來表示。

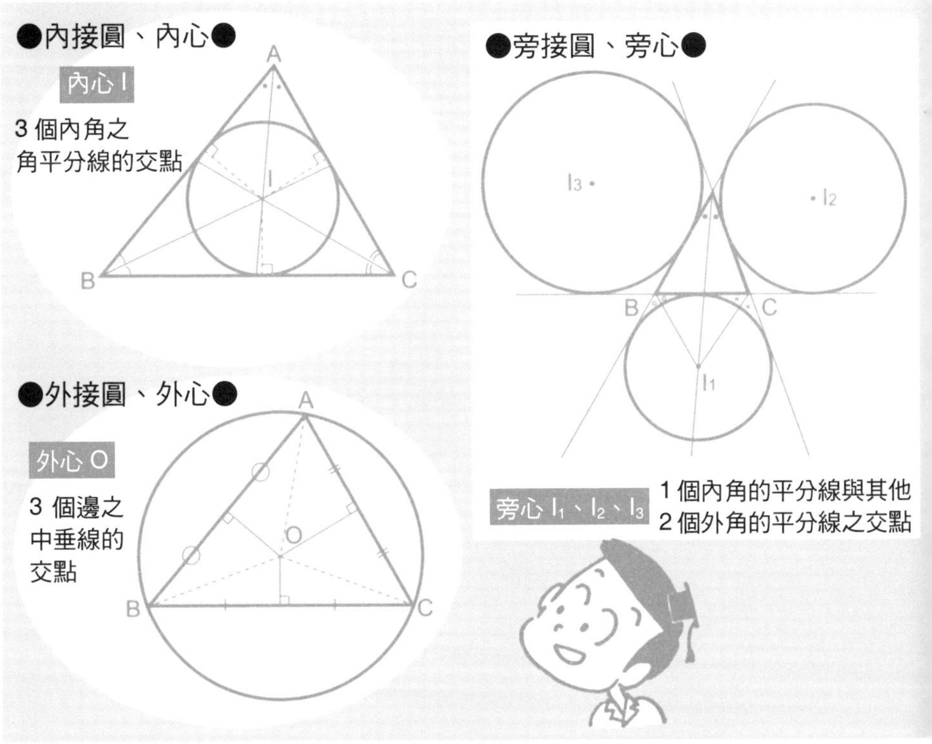

點；「垂心」則是3個頂點之垂線的交點。

即使用再精確的專有名詞表示三角形的五心，恐怕還是很難搞清楚；但是，透過上面的圖形，相信大家對幾何學能夠有一番新的體會。

「九點圓」

此外，還有一個與三角形有關的圓被稱為「九點圓」。九點圓的別稱是「費爾巴哈之圓」或「歐拉之圓」，定義有些複雜，說明如下：

「三角形3條垂線的垂足D、E、F；垂心與各頂點連線的中點J、K、L；和各邊的中點P、Q、R都在同一圓周上。」

這個九點圓的中心點N，正是三角形ABC的外心O，和垂心H連線的中點；而半徑正是外接圓半徑的一半。

這個九點圓正好有九個交點，看起來是不是很迷人？

形狀的確定

直線構成的圖形面積請用三角形求解

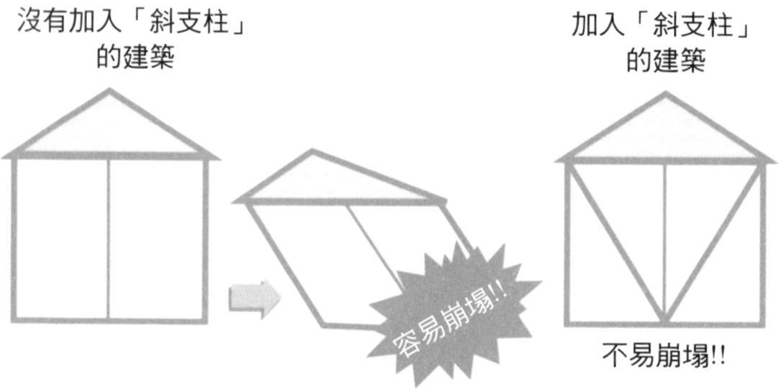
沒有加入「斜支柱」
的建築
容易崩塌!!
加入「斜支柱」
的建築
不易崩塌!!

■海龍（Heron）公式■

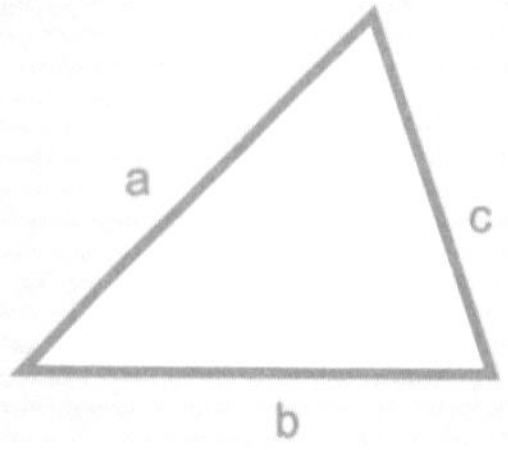
a
b
c

設 $s = \dfrac{a+b+c}{2}$

面積 s 就是：$\sqrt{s(s-a)(s-b)(s-c)}$

有人說：「埃及是尼羅河神賜的禮物！」的確，尼羅河孕育古埃及文明，每年不斷發生的河川氾濫，促使埃及人在土地測量的技術上有長足的進步。幾何學 geometry 這個單字是由 geo（土地）和 metry（測量）組合而成，明白顯示兩者間的關係。

例如，由複雜曲線構成的圖形面積，可用積分運算；但在此僅針對直線圍成的圖形面積，可參考上圖。

一般來說，直線圍成的圖形，即使知道各邊長，卻不知形狀；例如，邊長長度全部是1的四角形「菱形」，形狀或面積都沒有一定的規範。

但是，三角形只要三邊長一定，形狀便會確定；亦即，全等三角形的一個要件就是，「對應的三邊要相等」，這也是三角形和其他圖形最大的差異。

以直線圍成的圖形可以分割成三角形；只要各邊的長度一定，就能決定形狀，再決

數學筆記

海龍公式　一般計算三角形的面積都採用「底乘以高除以2」的公式，需要先找出高度；但是海龍公式可以用三角形三邊長求面積呢！

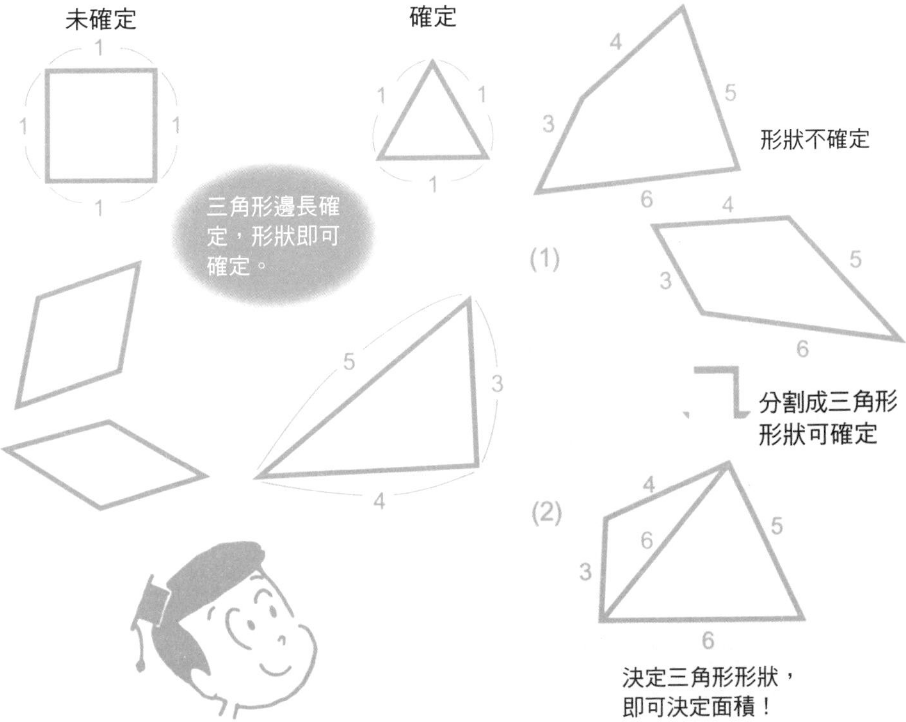
未確定
確定
三角形邊長確定，形狀即可確定。
形狀不確定
(1)
分割成三角形
形狀可確定
(2)
決定三角形形狀，
即可決定面積！

定面積。所以，把三角形視為獨立的形狀，即可正確地表現出圖形。

例如，像上圖(1)的形狀與面積都不固定，但如圖(2)一樣指定長度，形狀即可確定，面積也可算出來。

這就是為什麼土地登記簿上的圖，都將土地分成三角形再加以記錄（為慎重起見，各三角形都要能畫一個垂直線的長度）。

一般的土地測量就是利用這個原理，稱為「三角測量法」；有關這點可以參考第8章三角函數的部分。

此外，蓋房子時在柱子與柱子之間斜放入「支柱」，也是利用這個原理。如果不加入這種斜支柱，房子很容易倒塌。不只是蓋房子，各式家具、橋樑或高塔建築物，都是運用三角形的基本原理。這不是為了增加美感，而是為了加強結構的安全性。

形狀的排列

任何正多角形磁磚的鋪設問題

三角形內角和為 180°

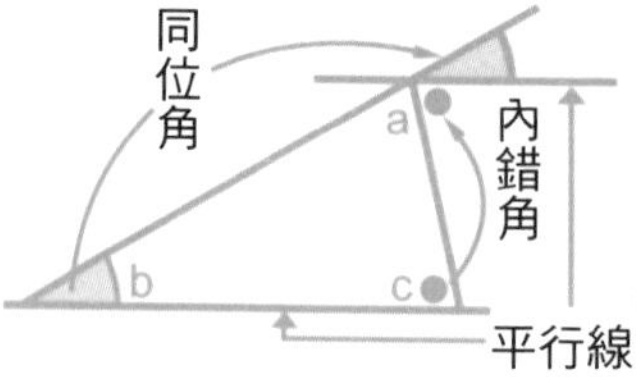

可分割成(n−2)個三角形

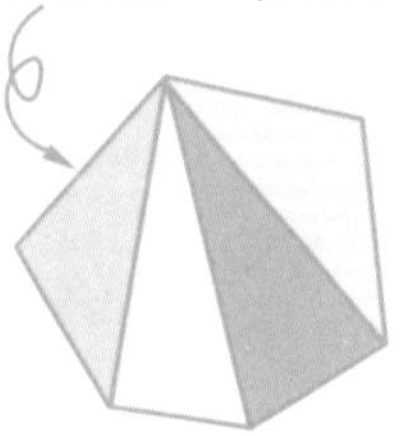

n 角形內角和

$(n-2)\times 180^\circ$

正 n 角形的 1 個內角

$\frac{(n-2)}{n}\times 180^\circ$

〈用各種形狀的磁磚鋪設圖案〉

〈用變形多角形的磁磚鋪設圖案〉

〈用變形多角形的磁磚鋪設圖案〉

正多角形組成的圖案

當你漫步在歐洲國家古色古香的街道上，是否常因地面小石頭鋪成美麗的幾何學圖案而讚嘆不已？另外，現代感十足的飯店或建築，也常在地板上鋪漂亮的磁磚圖形，增添不少藝術氣氛！

在這一節，我們要看看以相同的正多角形磁磚，鋪成各種圖案的方法。

正方形磁磚是浴室等衛浴設備最常用的；其他還有可以鋪成蜂巢狀的正角角形或正三角形磁磚等。

正多角形的排列問題

所以，正多角形磁磚都能用來鋪設嗎？其實不然；例如，下頁圖所示的正五角形，就會出現縫隙而無法排列。

那麼，究竟有多少正多角形可以拿來鋪設圖案呢？事實上只有三種，有人不死心試

數學筆記

賓洛斯的磁磚鋪設 物理學家賓洛斯從正五角形、菱形、星形和皇冠形這4種磁磚，發現鋪設圖案的方法。而在合金的結構中也可以發現這個情況，現在稱為「準結晶」。

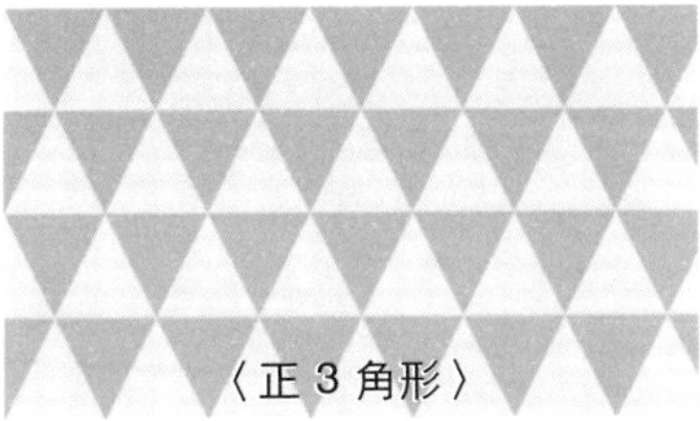
〈正 3 角形〉

〈正 6 角形〉

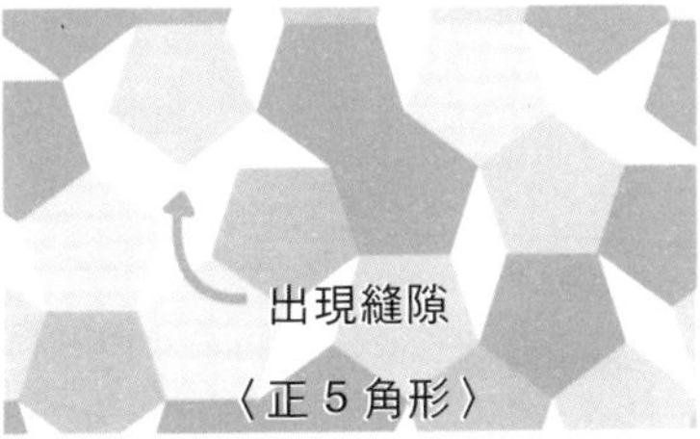

〈正 5 角形〉

磁磚圖案可用幾種正多角形？

把 m 個正 n 角形，交於一點繞一圈，計算看看。

$$\frac{m\times(n-2)}{n}\times180=360$$

一個內角的大小
以此式子計算看看！

$$m(n-2)=2n$$
$$mn-2m-2n=0$$
$$mn-2m-2n+4=4$$
$$(m-2)(n-2)=4$$

前面已經說明m、n都是整數，且n大於3（沒有正2角形）。
而整數相乘為4的組合，只有1×4、2×2和4×1；
亦即，n－2＝1、2或4，
n＝3、4、6。

試正七角形，結果還是行不通。

把數片正多角形磁磚，以一點為中心繞一圈，如可組成三六〇度，表示這種形狀的磁磚能夠鋪設。

和為三六〇度

請參考上方圖形。假設正n角形，n為3以上的任意正整數，算出n角形的內角和，可知無關n角形的形狀，而是由n來決定。因此可快速求得正n角形的一個內角角度。接下來，再把m個正n角形，交於一點繞一圈進行計算。如上所示，n等於3、4、6。

由此可知，只有正三角形、正方形和正六角形這三種正多角形的磁磚，才能鋪設出美麗的圖案。如果不只用正多角形，還允許做變形的多角形設計，可以利用更多不同形狀的磁磚。

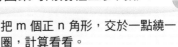

圓周率的計算歷史

圓周率π的故事

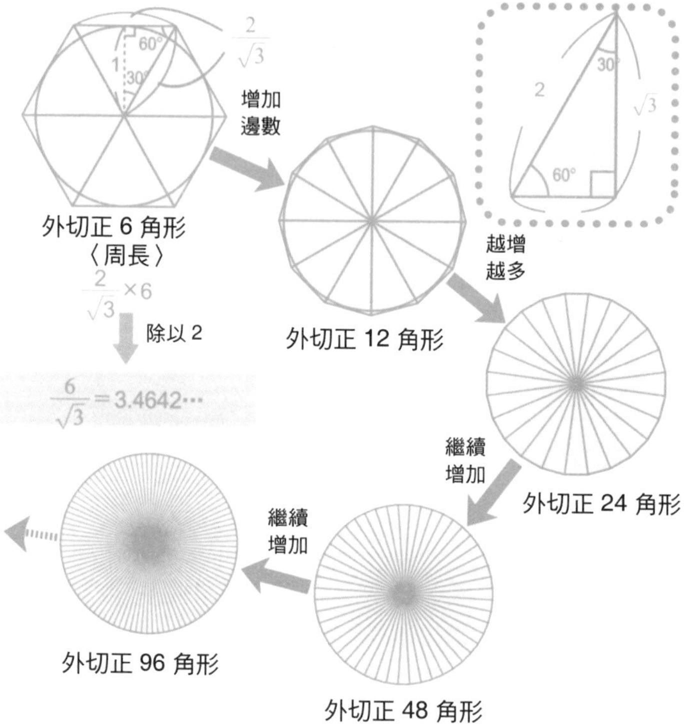

神所創造的禮物

世界上再也沒有一個圖形像「圓」一樣奇妙！古代人深信圓是神所創造的禮物。

圓形深具神秘氣息；不論半徑多少，圓的形狀都一樣（相似）。所以，圓周長與直徑長的比，無關圓的大小，這個比值就稱為圓周率π。

以「π」表示圓周率，最早是在數學各個範疇均有建樹的大數學家歐拉（Euler）。

關於π的計算已有悠久的歷史。古巴比倫人用3當作圓周率的近似值；而在號稱是最古老的數學書籍中，記載著圓周率等於$(\frac{19}{9})^2$。這個分數值約等於3.16049……，可說相當近似π的值。

π的計算

理論上運用π之計算的則是，希臘偉大

數學筆記

計算 π 的數學家　出生於德國的荷蘭數學家魯道夫把 π 算到小數點後 35 位數，故德國將圓周率稱為魯道夫之數。而日本江戶時代的數學家建部賢宏則算到 41 位數，兩者都採用阿基米德的方法。

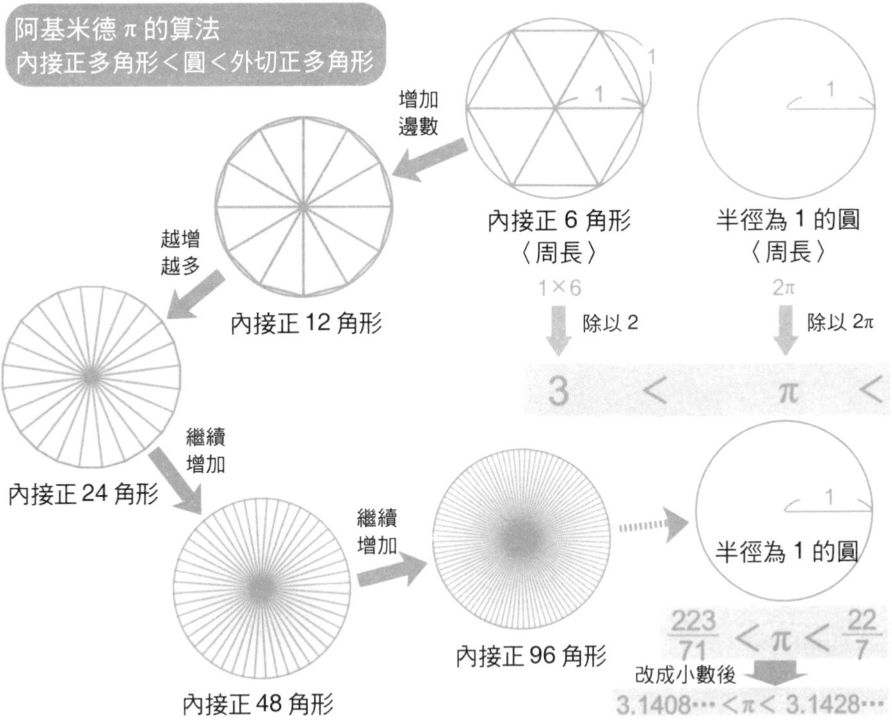

的數學家阿基米德；他利用內接及外切圓的正多角形，從小至大前後夾擊計算π值。最後算到正96角形，獲得以下的不等式：

$$3\frac{10}{71} < \pi < 3\frac{1}{7}$$

把分數都化成小數 3.1408……＜π＜3.1428……。阿基米德把π值正確算到3.14，這就是我們日常中使用的圓周率近似值。

π的新計算方法

一直到十七世紀，偉大的英國數學家、物理學家牛頓（1642～1727）和德國數學家萊布尼茲（1646～1716），發明了微積分，才找到π值的新計算方法。

隨著電腦的發明，π值的計算當然更是突飛猛進。到了現在，能把π值算到幾位數成為評估電腦計算能力的標準，即使到現代，π值的計算競爭仍然持續上演。

黃金矩形之美

二次方程式與黃金比例

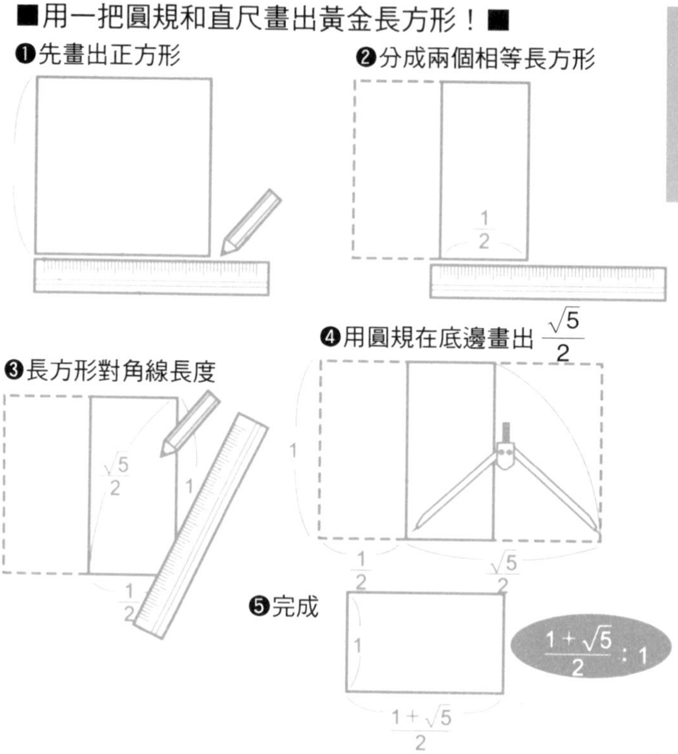
■用一把圓規和直尺畫出黃金長方形！■
❶先畫出正方形
❷分成兩個相等長方形
$\frac{1}{2}$
❸長方形對角線長度
$\frac{\sqrt{5}}{2}$
1
$\frac{1}{2}$
❹用圓規在底邊畫出 $\frac{\sqrt{5}}{2}$
1
$\frac{1}{2}$
$\frac{\sqrt{5}}{2}$
❺完成
1
$\frac{1+\sqrt{5}}{2}$
$\frac{1+\sqrt{5}}{2}:1$

古人認為，圓是神創造的完美禮物，而人造的美麗圖形，就是黃金矩形。

長方形之長、寬比例決定了美感，就珠寶的比例來看，長久以來令人著迷不已的正是這種黃金比例。縱橫比例為黃金比例的長方形，即可稱為黃金矩形。

再者，於黃金比例之下切割長度一事，被稱為黃金分割，許多繪畫、雕刻、建築等作品，都採用這種黃金分割法。

這種黃金比例最早是在柏拉圖時代被發現，後來才由義大利的天才學者達文西加以命名。

究竟黃金比例的魅力何在？令人意外的是，它和二次方程式的解有關。

如左圖所示，從長方形ＡＢＣＤ切割出正方形ＡＥＦＤ之後，當剩下的長方形ＢＣＦＥ與原來的長方形ＡＢＣＤ相似時，ＡＢＣＤ或ＢＣＦＥ稱為黃金長方形；此處長寬比ＡＢ：ＡＤ稱為黃金比例。

數學筆記

黃金比例運用實例 如希臘雅典的帕德嫩神殿遺蹟之長與寬、米羅的維納斯雕像之肚臍上下比例、名片的長與寬或電話卡的長與寬等等。

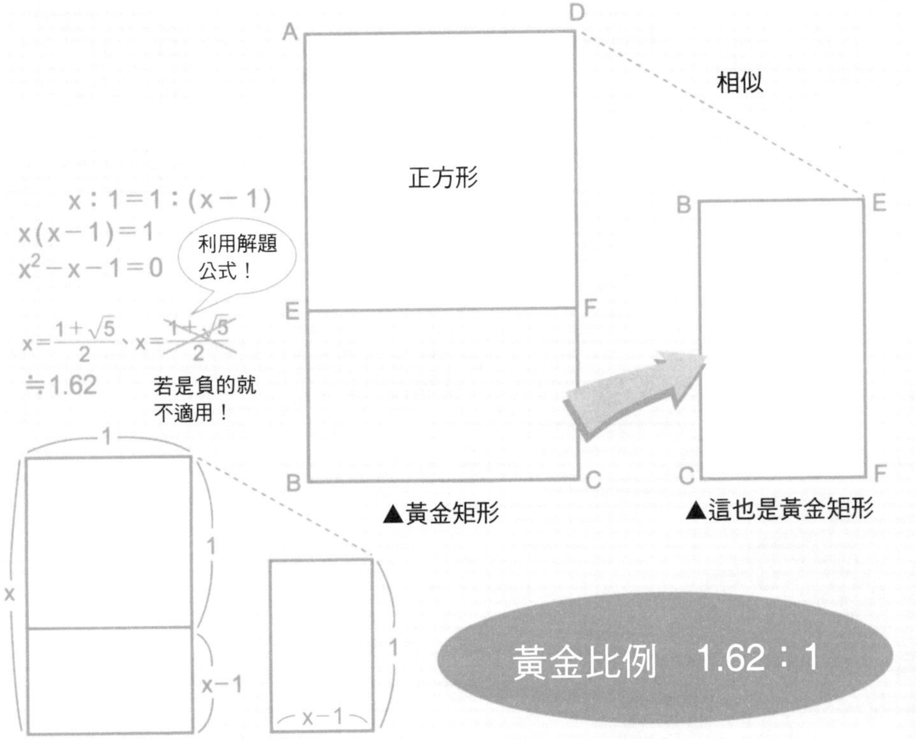

▲黃金矩形

▲這也是黃金矩形

黃金比例 1.62：1

接下來要實際計算這個黃金比例。先假設長為1，寬為 x，寫出方程式。

「在一長方形中切下正方形剩下的長方形長與寬與原來的長方形十分類似。」以方程式表示：

$$x : 1 = 1 : (x - 1)$$

只要找出方程式裡的 x 值即可；如用解題公式，立即可算出答案：

$$x = \frac{1+\sqrt{5}}{2}$$

求得黃金比例 1.62 : 1。

達文西經常利用這種黃金比例，表現在美術、工藝、建築等藝術作品中；而在古代的建築或美術巨作中，也常可發現黃金比例的蹤跡。

我們只要用一把圓規及直尺，如圖所示先畫出邊長為1的正方形，即可進一步完成黃金矩形。

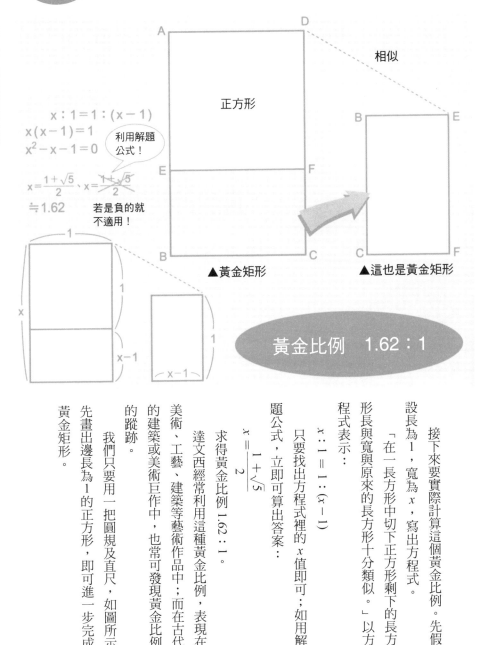

利用尺及圓規解題

希臘三大難題：倍立方體體積、角的三等分、圓的面積

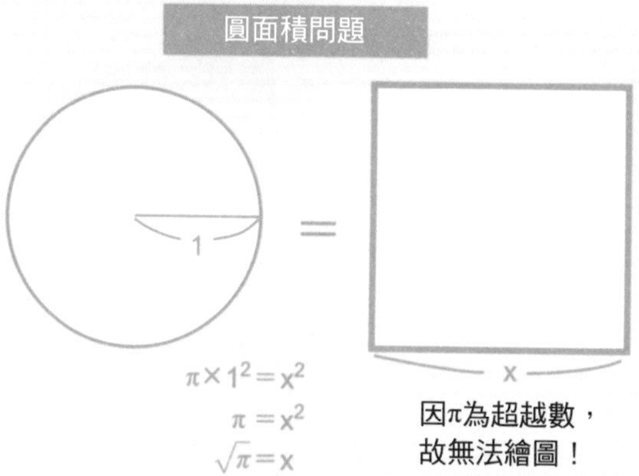

●畫直角很簡單●

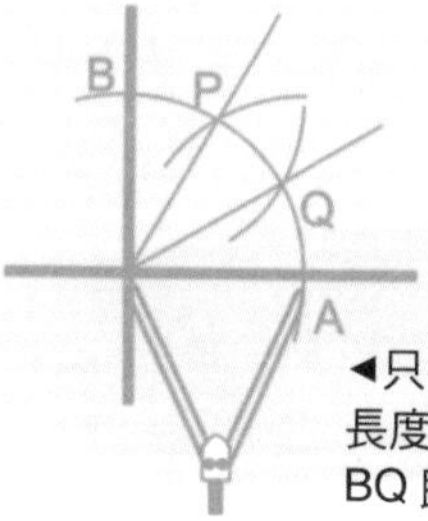

◄只要畫出與 OA 長度相等的 AP 和 BQ 即可►

●畫 180°也很容易呢！

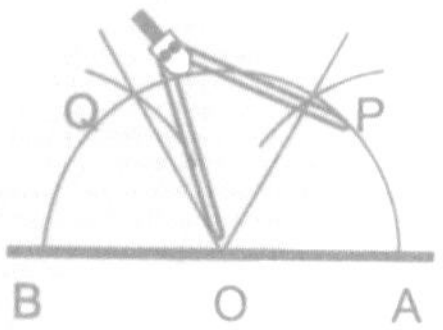

古希臘時代有三大數學難題流傳後世，是只能用尺和圓規的繪圖問題。

第一個是有關「立方體體積倍增的問題」；又稱為「提洛斯問題」，即立方體的體積增為二倍時，各邊的邊長增加幾倍？

這個提洛斯問題可寫成方程式：

$$x^3 = 2a^3$$

亦即要用尺和圓規求三次方程式的解。

第二個是「角三等分問題」。即如問題所示，要用尺和圓規把角分成三等份。

像直角或一八〇度等特殊角度的三等分，可以用繪圖表示。這最終還是一個能否用繪圖就解開三次方程式的問題。

最後是「圓面積問題」，即用繪圖方式畫出一個與任意圓面積相同的正方形。

在此探討一下「用尺和圓規」的意義。

尺可用來畫直線，以一次方式表示；而圓規可以畫圓，即為二次方程式。由於畫線形成的交點是聯立方程式之解，一次方程式

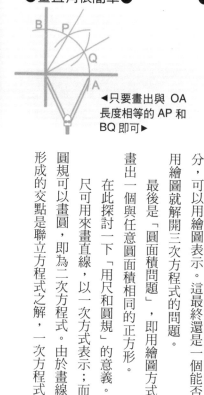

數學筆記

提洛斯問題　西元前三世紀，古希臘提洛斯島發生瘟疫，居民求助於守護神阿波羅，得到「建一座兩倍大祭壇」的答案；祭壇為立方體，即所謂的倍立方體體積的問題。

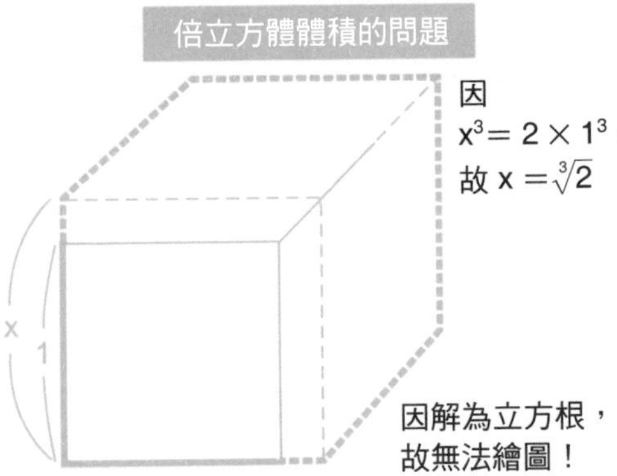

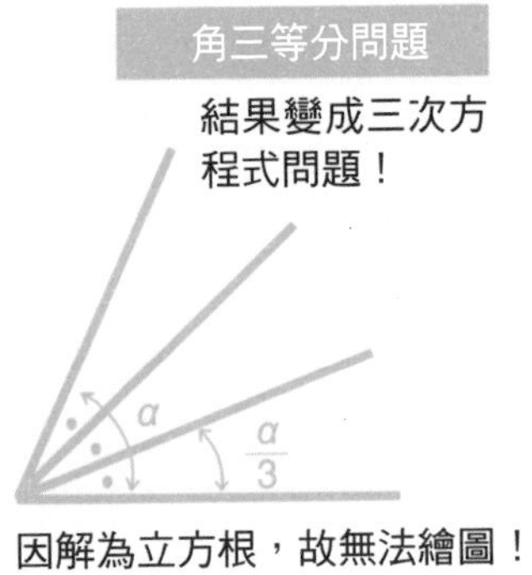

●由正方形組成的圖形●

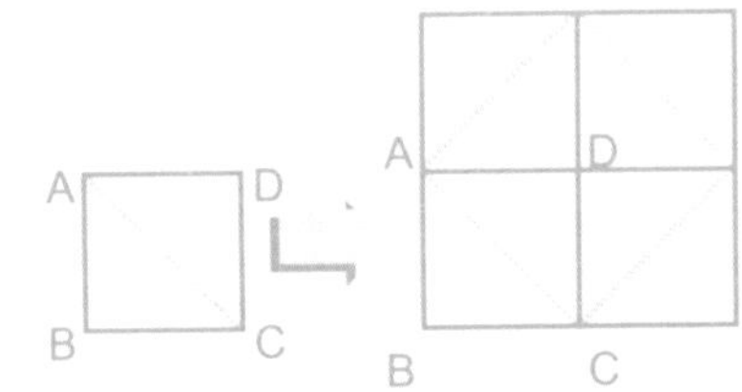

●很容易畫出二等分●

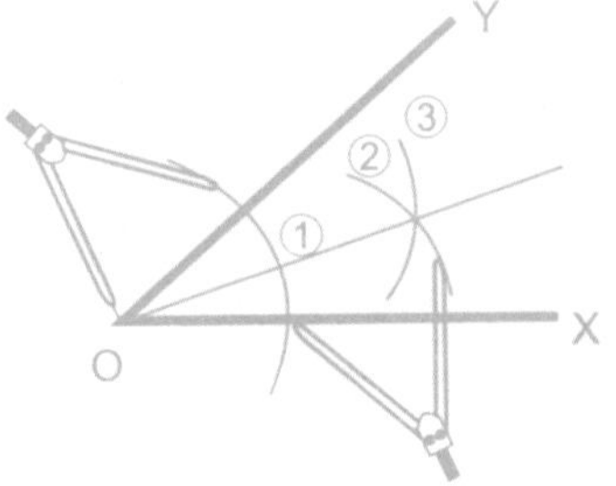

和二次方程式的解，就成為方程式的各係數，用＋、－、×、÷所構成。

這些問題兩千多年來，一直讓數學家頭痛不已，並促進相關的數學發展；直到十九世紀，才以「不可能」的意外結果落幕。

「立方體體積倍增的問題」和「角三等分問題」，終究是尺規繪圖方式無法完全處理的三次方程式問題；而且，一般都需要立方根才能解決三次方程式問題。但是，如前所示，繪圖方式只能算至平方根！

「圓面積問題」本質上異於其他兩個問題，想要取得這個不可能的證明就更困難；因此重點在於證明圓周率π為超越數。超越數不能成為以整數為係數的任何代數方程式之解。因為能夠繪圖計算的方程式只到平方根，超越數當然就無法以尺規繪圖求解。

正多面積只有五種

「正多面積為無限多個」是錯誤觀念

各面小於三六〇度

各面都相同、各頂點結構皆相等的多面體，稱為「正多面體」。這裡所謂的各頂點結構相等，表示集中於各頂點的面數與邊數都相等。

如果一個立體形狀的面數能夠增加，似乎就能產生面數無限制的正多面體；如果正多角形有無限多種，似乎也能產生具有無限多種正多角形的正多面體！

且慢，這個觀念真的正確嗎？雖然直覺上好像正確，但還是需要數學上的實際應證。

這個問題令人想起之前的磁磚鋪設圖案；同樣的觀念。

在鋪設磁磚時，是以m個正n角形相交於一點的四周，圍成三六〇度。但是，為了成為正多面體，一定要小於繞一圈三六〇度。

五組正整數組

正多面體究竟有幾種？

m個正n角形磁磚集中於一點繞一圈。為形成正多面體，可以寫成以下的式子：

$$m \times \boxed{\frac{n-2}{n} \times 180} < 360$$

正 n 角形 1 個內角的大小

亦即，$\frac{m(n-2)}{n} < 2$

$m(n-2) < 2n$

$mn - 2m - 2n < 0$

$mn - 2m - 2n + 4 < 4$

$(m-2)(n-2) < 4$

故 $(m-2)(n-2)$

兩式相乘，可能的結果有：

如果是1……＝1 × 1

如果是2……＝1 × 2或2 × 1

如果是3……＝1 × 3或3 × 1

再把每一種可能套入正整數組(m，n)，

(3，3)→正 4 面體

(3，4)→正 6 面體

(4，3)→正 8 面體

(3，5)→正 12 面體

(5，3)→正 20 面體

數學筆記

波德定律（Bode Law） 即行星間的平均距離為 $4+3\times 2^n$ 之法則；他依此法則推測的位置發現了天王星而聲名大噪。但是，若是推測太陽系外行星，誤差會變大。

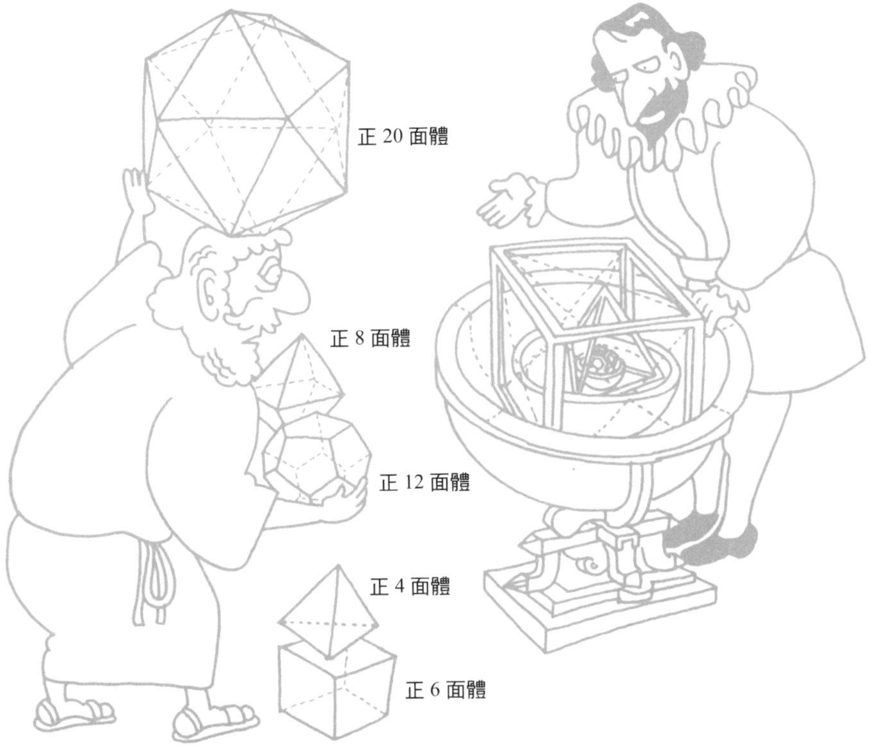

如上圖所示成立一不等式，再加以計算。求得符合此不等式且為3以上的正整數組(m,n)只有五組，分別是(3,3)、(4,3)、(3,4)、(5,3)、(3,5)。

在這個計算中，正多面體必須符合上述某一組數字，亦即符合上述的某一組數字是必要的條件。另外，還要確定是否真正能夠在現實中存在。

所有的數組如圖所示，正多面體果真存在；如此一來，就可以證明正多面體正好有5種！

「柏拉圖立體」

在柏拉圖的文獻中，曾記載有關這些正多面體，故亦稱作「柏拉圖立體」。

之外，天文學家克卜勒曾表示，在六個行星天球（當時尚未發現天王星、海王星和冥王星，太陽系的行星只有六個！）之間，正好可以放入這5種正多面體。

歐幾里得幾何學

知名度僅次於《聖經》的《幾何原本》是近代科學方法論的基礎

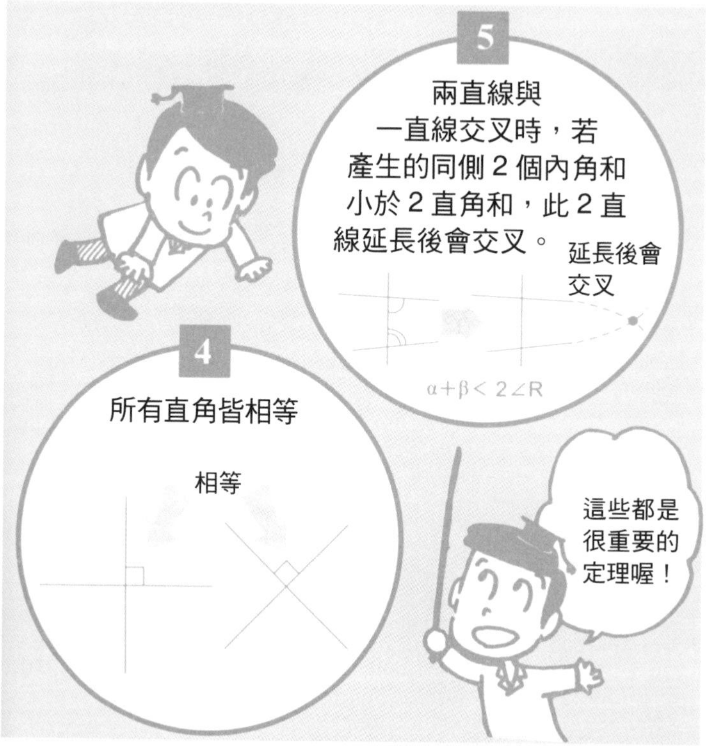
5
兩直線與一直線交叉時，若產生的同側2個內角和小於2直角和，此2直線延長後會交叉。
延長後會交叉
α+β< 2∠R
4
所有直角皆相等
相等
這些都是很重要的定理喔！

古埃及號稱起源於土地測量的幾何學，到了希臘時代有了極大的發展。如歐幾里得的《幾何原本》就是整合幾何學為一大體系的重要著作。

這本《幾何原本》除了歐幾里得之外，還收集了達雷斯、畢達哥拉斯、希波克拉底等著名希臘數學家的研究成果，在歐洲它是僅次於《聖經》的暢銷書呢！

書中從言語表達的「定義」（如點、線、面、角、圓等等）切入，以大眾明確認可的「公理（定理）」為出發點，提出演繹（證明）的方法。這是因為亞里斯多德的言論，深深擄獲了歐幾里得的心：「即使人類想要證明些什麼，但是這個證明並沒有終止的一天，倒不如不要證明而接受它，一定可以從某處重新出發。」

而歐幾里得這個定義、公理、定理、證明環環相扣的構成，以科學的方法為典型的範例，不單是數學，也進一步成為近代科學

數學筆記

歐幾里得（Euclid of A., 325？～265B.C.） 亞歷山大時代的希臘數學家，生卒年月不詳。當埃及王托勒密一世向他請教學習幾何學的方法時，他表示「幾何學中沒有王道」而廣為人知。

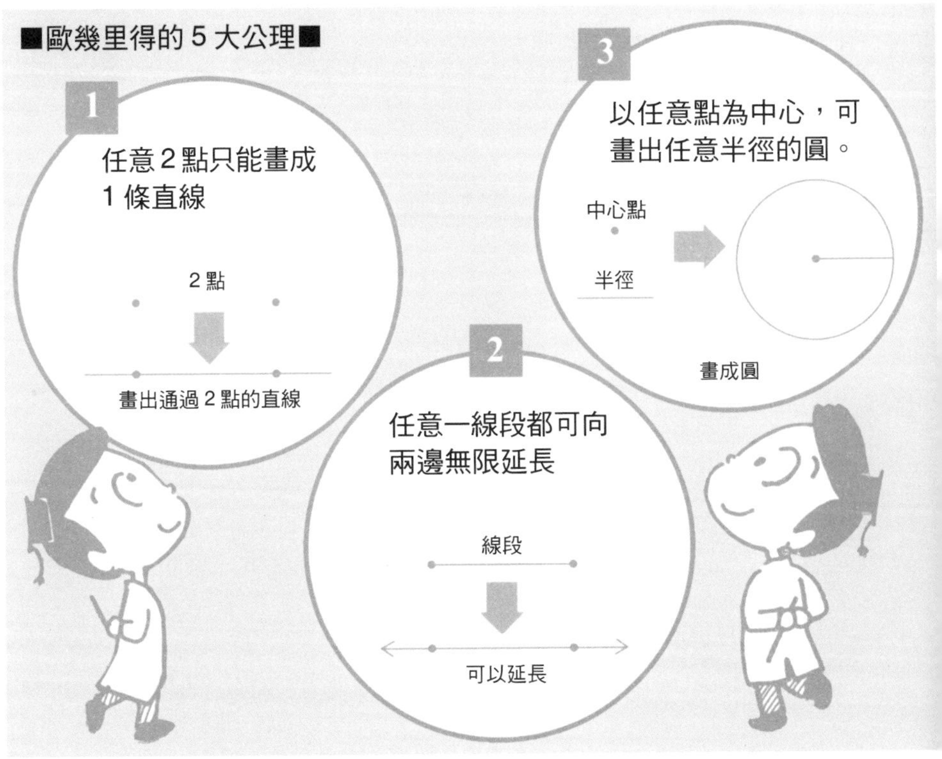
■歐幾里得的5大公理■
1
任意2點只能畫成1條直線
2點
畫出通過2點的直線
2
任意一線段都可向兩邊無限延長
線段
可以延長
3
以任意點為中心，可畫出任意半徑的圓。
中心點
半徑
畫成圓

方法論的基礎。

例如，歐幾里得將力學和重力理論整合而成的書籍，也充滿歐幾里得式的風格。

在歐洲直到十九世紀為止，《幾何原本》的大部分內容幾乎都直接被當作教科書，即使到今天，還是有學校以此為教材。

《幾何原本》全部有十三卷，著名的畢達哥拉斯定理收在第一卷的最後章節；除此之外，也提及三角形的合併、正多角形繪圖，以及最後十三卷的五個正多面體。書中陳述的範圍不僅是幾何學，還出現比例論、整數論、微積分基礎的探索方法等。

但是，這本號稱數學史上不朽鉅著，對於數學、思想、文化均有莫大影響的《幾何原本》，卻也有讓許多數學家困擾不已的一個問題——平行線公理。

有關這個問題，會在下一節加以說明；在此不妨先認識上圖中歐幾里得的五個公理。

非歐基里得幾何學

與歐基里得幾何學體系不同的幾何學

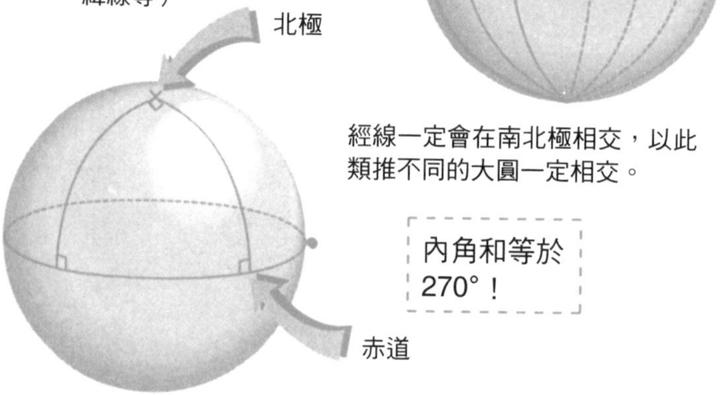
通過直線外之一點的平行線是零條
●黎曼範例●
以球面表現這個世界
這個世界的直線＝大圓（以地球來看就是經線和緯線等）

首先由「平行線」說起。看過前面的歐幾里得五大公理，會發現除了第五公理以外，其他的都很簡單；第五公理頗為複雜，即所謂的「平行線公理」問題。

將此公理轉為一般語言就是：「通過直線外的一點，且與此直線平行的直線，只有一條。」所以，第五公理又被稱為「平行線公理」。

長久以來，這個平行線公理一直受到許多數學家的矚目；甚至有很多數學家都試著證明，這個第五公理可否刪除？亦即，是否可由其他四個公理導出這個公理？但到後來，這些嘗試終究都失敗。

非歐幾里得幾何學

這個延宕二千多年的問題，到了十九世紀，首次在出人意料之外的情況下獲得解決，就是所謂的「非歐幾里得幾何學」誕生。匈牙利的波亞父子（J. Bolyai, 1802～

數學筆記 黎曼和愛因斯坦（Albert Einstein, 1879～1955，猶大裔德國人，美國著名物理學家及數學家，1921 年獲得諾貝爾物理學獎） 黎曼所研究的幾何學正是愛因斯坦探索的數學；愛因斯坦因此建構了「廣義相對論」。

通過直線外之一點的平行線有無數條

●克萊因範例●

將圓的內部重新建構成非歐幾里得幾何學的世界

這個世界的直線

與直線L不相交的直線有無限多條

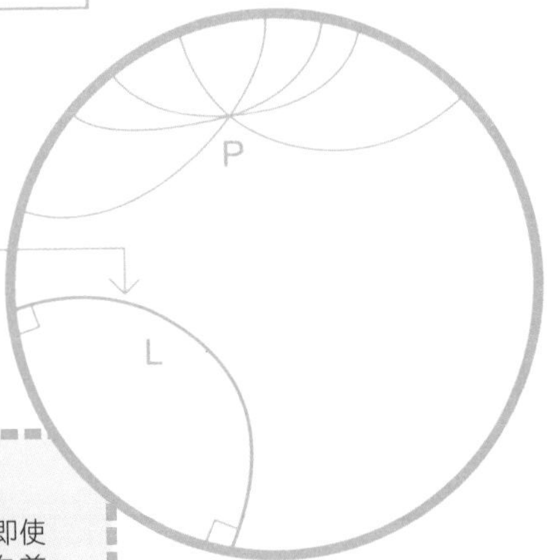

在這個世界中，人即使是以等速度筆直向前走，實際上是以不同的速度走在曲線上。越靠近圓周，速度越慢，人也越來越小。

1860）、俄羅斯的羅巴契夫斯基（Lobatchevsky, 1793～1856）、德國的高斯等學者，在否定了第五公理存在的前提下，如同歐幾里得的幾何學體系一樣，構築了一個沒有矛盾的幾何學。

這種非歐幾里得的幾何學，因為與一般人的感覺有著極大的落差，很難見容於世人之間，因此相關的數學家幾乎都遭到不幸的下場。高斯等人或許是看到羅巴契夫斯基或波亞所受到的攻擊而心生畏懼，即使他們在當時已居數學界的翹楚，在公共場合對此卻隻字未提。

羅巴契夫斯基或波亞表示，「通過直線外的一點，而不與此線相交的直線有無限條」以此公理取代第五公理，可以建構出完全不矛盾的幾何學。

後來，德國數學家黎曼（Riemann, 1826～1866）也表示，即使採用「通過直線外的一點，而不與此線相交的直線一條也沒有」的公理，還是可以建構出沒有矛盾的幾何學。

代數幾何學的研究

一九九〇年，在日本京都舉行的國際數學家會議，把象徵數學界最高榮譽的菲爾茲數學獎（可稱為數學的諾貝爾獎，由加拿大教授菲爾茲於一九二四年創辦，每四年頒獎一次），頒給日本數學家森重文教授，得獎的主題是「證明三維代數簇的極小模型之存在」。這個主題的困難程度，借一句森重文教授的話：「這個世界上大概只有十個人可以真正了解我的研究吧……」

只可惜這句話似乎遭到大眾的誤解：「像這種只有十個人可以了解，一點也不大眾化的研究，有何意義呢？」當然這個批評並沒有切入重點。因為森重文教授所謂的「只有十個人可以真正了解」，是說他的研究非常重要，但雖然能解決中心問題，卻是相當不易理解。這正好和愛因斯坦發表相對論時所遭遇的情況一樣。

森教授的研究範疇俗稱「代數幾何學」。截至十九世紀中葉所完成的二次曲線或二次曲面的分類，可說是這種代數幾何學的起源。後來的自然演變是——變數擴張成為複數，高次方程式成為人們研究的對象。

縱觀數學的歷史，德國黎曼針對二變數的多項式（複數一次的代數簇）加以探討；三變數的多項式（複數二次的代數簇）則由日本小平邦彥博士加以分類，因而獲得菲爾茲數學獎的至高榮譽。接下來，森教授又成功分類出四變數的多項式（複數三次方的代數簇）

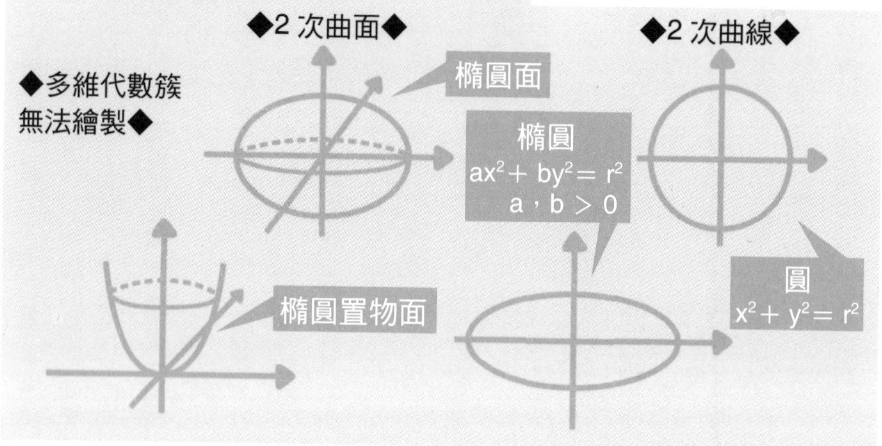

第4章

矩陣的運用

矩陣與向量的故事

矩陣與向量的用途為何？

數字排列的矩陣或向量具有深遠的意義

人們常說日本人是個愛排隊的民族；即使到了外國，日本人還是會整團成一行列集體行動。

當然，這也有可能是語言上的問題，不過，正確說來，應是人們無意中意識到集體行動的好處，才產生這樣的結果吧！

數學上也有所謂的「矩陣」；外形上和人們排成的行列並無太大的差異。不過，數學上所謂的「矩陣」，併排的只是「數字」，或假設是數字的「文字」。

數字排排站

如此一來，單是數字或文字的排列，實在看不出有多大的「數學上存在的意義」；那麼，數學上的「矩陣」之存在意義為何呢？

本節目的就是為了說明這點。即單純的數字排列，讓事物好像變魔法一般，學會矩陣的魔法，再加以運用。

另一個與「矩陣」並稱的是「向量」。一般而言，「向量」有自己的功能與作用，只有在某些特殊的「矩陣」，才會出現「向量」。

「矩陣」與「向量」都是為處理自然科學現象而發展出的「數學工具」；在使用的過程中，雖其是屬於數學的範疇，卻能和一般社會狀況做緊密的結合，因此運用範圍很廣。做為整理各種資訊的分析方式，「矩陣」與「向量」著實應用在社會的每一個角落。

例如，從物理學、工程學、土木建築學等自然科學方面，延伸到經營學、統計學、會計學（會計、簿記等）等社會科學方面，再擴及市場行銷、生產管理、運輸管理、銷售等商業範疇，都是「矩陣」與「向量」活躍的領域。

本節只針對「矩陣」與「向量」的定義做說明，至於重大意義和功能，下一節繼續分析。

數學筆記

矩陣與向量 向量(a,b)就是 1 列 2 行的矩陣，不過，向量數字之間要加入逗點，矩陣則不用。

何謂矩陣

將數字排成正方形或長方形的組合

$$\begin{pmatrix}1 & 3\\ 2 & 5\end{pmatrix},\begin{pmatrix}8 & 2 & 1\\ 0 & 3 & 1\\ 0 & 5 & 5\end{pmatrix},\begin{pmatrix}6 & 3 & 1\\ 2 & 0 & 0\\ 4 & 1 & 1\\ 2 & 7 & 0\end{pmatrix}$$

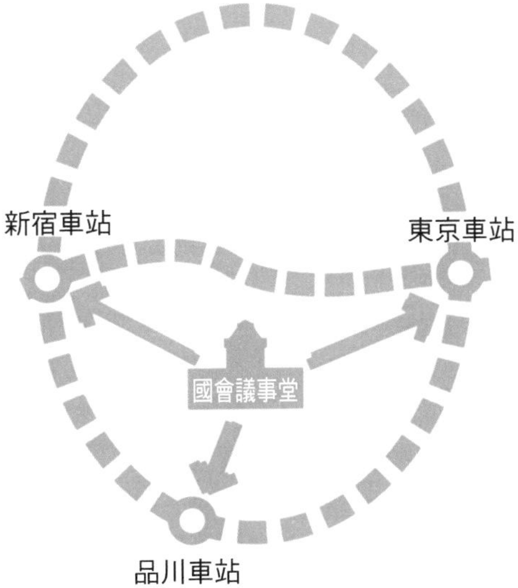

何謂向量

具有「方向」與「大小」，以箭頭表示更清楚。

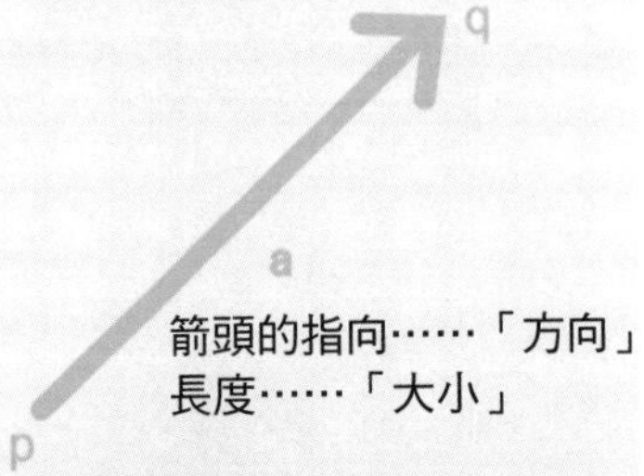

為將向量與一般數字加以區別，特別使用粗體字 **a**；起點為 p，終點為 q 的向量可寫成 $\overline{pq}$。

●平面向量●

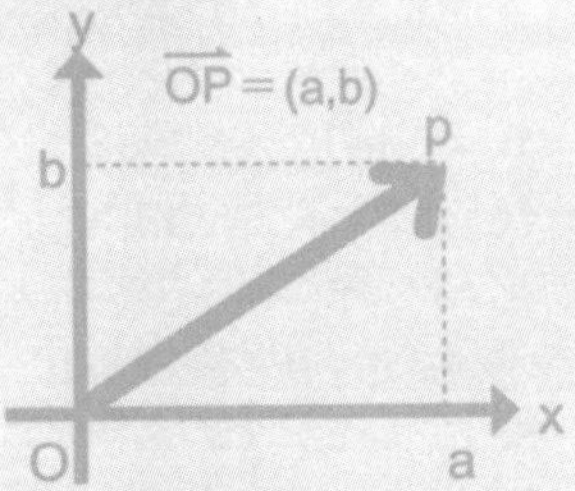

●三度空間向量●

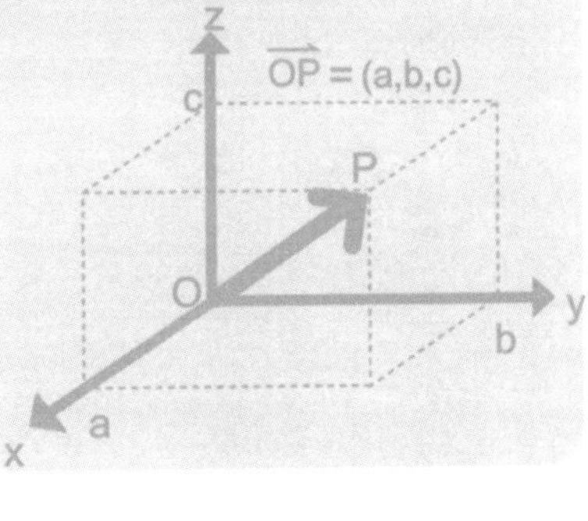

向量的加法與減法

矩陣或向量按照計算規則發揮力量

不只是數字的排列

乍看之下，矩陣或向量不過是一群數字方排列；但加入計算規則以後，彼此的關係會轉為密切，進而發揮最大的威力。這好比你擁有一部多功能電器製品，若不詳細閱讀使用手冊，恐怕無法讓它充分發揮功效！

請不要擔心規則過於深奧，難以理解，只要你肯花一些心思就沒問題了。

向量的合成

首先從向量的加法（合成）及減法看起，請參考左邊的圖形。

當出現2向量a、b時，其加法（合成）就是設想一個a、b為兩邊的平行四邊形，畫出的對角線即為向量；是不是很簡單啊！

接下來，在向量a上畫出方向正好與a相反，但長度一樣的−a。

在以上的規則下，所謂的a減b，其實就是a和−b的加法計算；作法也很容易吧！

以「分量」來表示

若以「分量」來表示，以上的說明就更簡單了。即有關向量的加法、減法若用分量表示時，就是各分量的加法、減法。

由此可知，向量的加法、減法的定義，是十分自然的一環。

這種把分量各自進行加減的想法，後來直接演變成矩陣加法、減法的定義。

數量矩陣的特性

不過，在此要注意的是，只有矩陣或向量的大小相同者，才能做加法和減法。

另一點是，矩陣或向量具有數量倍的特性；如左圖所示。

數學筆記

向量的大小　向量大小指它的長度。在平面座標中，若向量為(1,2)，它的大小就是 $\sqrt{5}$。若是空間坐標向量(1,2,3)，大小即為 $\sqrt{14}$。

●向量的加法●

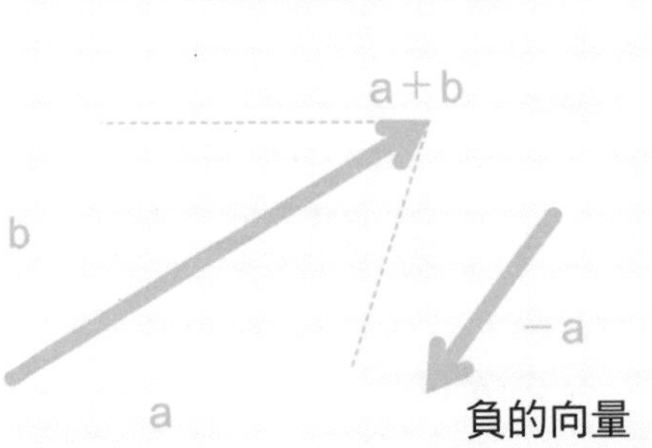

●向量的減法●

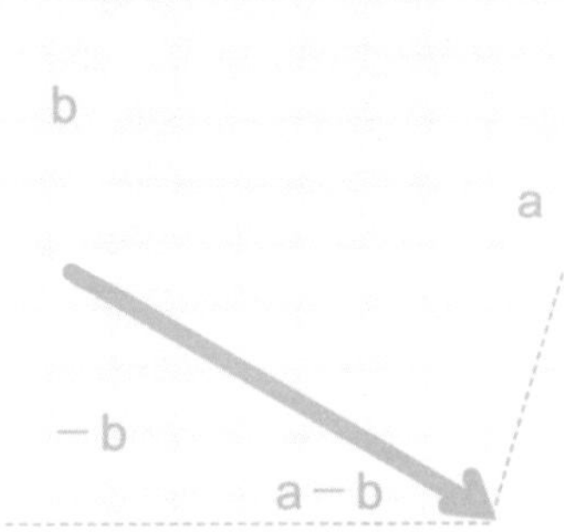

●用分量表示向量的加法和減法●

$a=(a_1, a_2)$　$b=(b_1, b_2)$

$a+b=(a_1+b_1, a_2+b_2)$

$a-b=(a_1-b_1, a_2-b_2)$

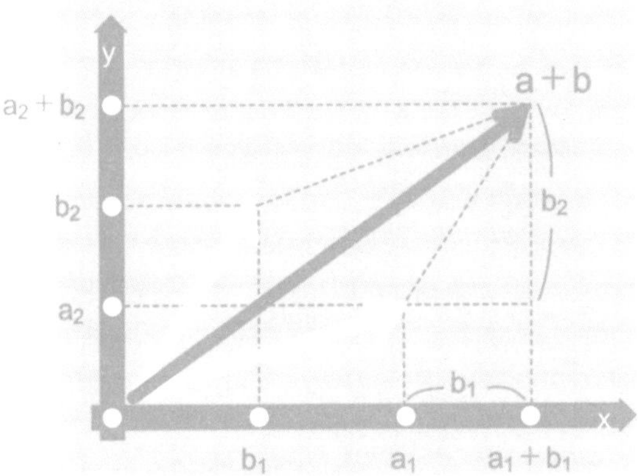

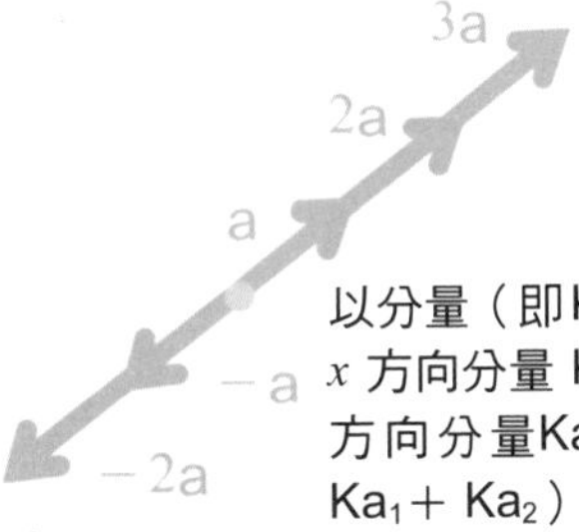

以分量（即Ka可表成 x 方向分量 Ka_1，與 y 方向分量 Ka_2；$Ka=Ka_1+Ka_2$）來表現

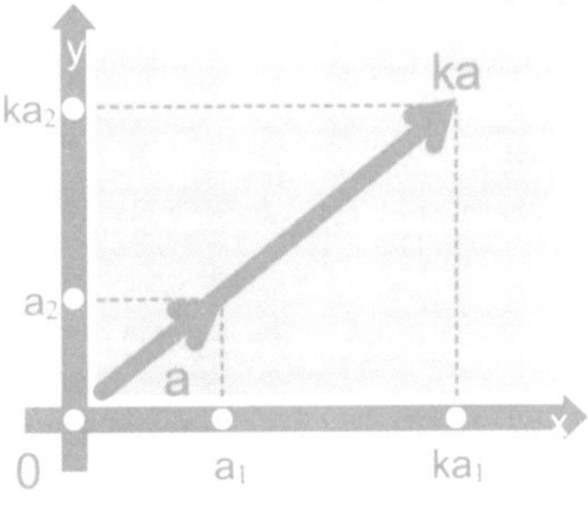

●矩陣的加法和減法●

〈大小相同者〉

$$\begin{pmatrix}3&2&4\\0&1&7\end{pmatrix}+\begin{pmatrix}2&1&1\\3&0&5\end{pmatrix}=\begin{pmatrix}3+2&2+1&4+1\\0+3&1+0&7+5\end{pmatrix}=\begin{pmatrix}5&3&5\\3&1&12\end{pmatrix}$$

$$\begin{pmatrix}3&2&4\\0&1&7\end{pmatrix}-\begin{pmatrix}2&1&1\\3&0&5\end{pmatrix}=\begin{pmatrix}3-2&2-1&4-1\\0-3&1-0&7-5\end{pmatrix}=\begin{pmatrix}1&1&3\\-3&1&2\end{pmatrix}$$

●數量矩陣●

$$k\begin{pmatrix}3&1\\2&5\end{pmatrix}=\begin{pmatrix}3k&k\\2k&5k\end{pmatrix}$$

各成分均乘以 k 倍

矩陣的乘法

矩陣或向量在乘法中更能發揮作用

繼續進入這個主題之前，有些部份要先做說明。

「行」、「列」的意義

一般所說的矩陣指的是隊伍的行列或鴨子等的行列，「行」與「列」合起來的意義相同。

但是，數學上所說的矩陣中，「行」與「列」各有自己的意義；如矩陣之中的橫露排列稱為「列」（row），由上至下分別為第一列、第二列……。而矩陣中的縱向排列稱為「行」（column），由左至右分別為第一行、第二行……。這就是矩陣的由來。

「行」與「列」的數分別以m、n代表的矩陣，可寫成m列n行或m×n矩陣。

尤其是「行」數與「列」數相等，都以n來表示的矩陣，可稱為n次方陣或方陣。

而排列於矩陣中的每一個數字，稱為矩陣的元素或分量。如第○列第□行的元素，或者是（○，□）分量，就是第○列和第□行相交部分的元素。

矩陣之積

接下來要進入主題，說明矩陣的乘法。雖然情形比較複雜，還請讀者發揮耐性；在美味的果實到手之前，不免要通過一些阻礙和關卡。

首先要說明二個矩陣A、B相乘時的必要條件。當A為m列n行，B為p列q行時，只有n和p相等時才能算出A、B矩陣的積（若不相等無法相乘）。

這時，看看排在矩陣A第i列的數列，以及矩陣B第j行的數列；再把第一個數相乘、第二個數相乘……，將它們全部相加的結果，變成第i列第j行的元素，此為矩陣AB（積）的定義。完成的矩陣之積，就變成m列q行。請實際參考左邊的圖形，矩陣的計算真的很簡單！

數學筆記 矩陣什麼情況下可以相乘？ 從下面的選擇挑出正確的答案：① 3 × 5 矩陣和 5 × 2 矩陣、② 2 × 3 矩陣和 2 × 3 矩陣、③ 1 × 3 矩陣和 2 × 1 矩陣。答案就是①。

●「列」為橫排「行」為縱排●

	第 1 行	第 2 行	第 3 行	第 4 行
第 1 列	1	0	3	2
第 2 列	5	8	0	1
第 3 列	2	9	2	4

← 3 列 4 行的矩陣

第 3 列第 2 行的元素為 9

■計算矩陣的積■

$$\begin{pmatrix} 1 & 3 \\ -2 & 0 \end{pmatrix}\begin{pmatrix} 7 & -1 \\ 1 & 2 \end{pmatrix}$$

2 行 ←這個部分相同才能相乘→ 2 列

❶（1，1）成分為左邊第 1 列和右邊第 1 行

$$\begin{pmatrix} 1 & 3 \\ -2 & 0 \end{pmatrix}\begin{pmatrix} 7 & -1 \\ 1 & 2 \end{pmatrix}=\begin{pmatrix} 1\times7+3\times1 & \\ & \end{pmatrix}$$

❷（1，2）成分為左邊第 1 列和右邊第 2 行

$$\begin{pmatrix} 1 & 3 \\ -2 & 0 \end{pmatrix}\begin{pmatrix} 7 & -1 \\ 1 & 2 \end{pmatrix}=\begin{pmatrix} & 1\times(-1)+3\times2 \\ & \end{pmatrix}$$

❸（2，1）成分為左邊第 2 列和右邊第 1 行

$$\begin{pmatrix} 1 & 3 \\ -2 & 0 \end{pmatrix}\begin{pmatrix} 7 & -1 \\ 1 & 2 \end{pmatrix}=\begin{pmatrix} & \\ (-2)\times7+0\times1 & \end{pmatrix}$$

❹（2，2）成分為左邊第 2 列和右邊第 2 行

$$\begin{pmatrix} 1 & 3 \\ -2 & 0 \end{pmatrix}\begin{pmatrix} 7 & -1 \\ 1 & 2 \end{pmatrix}=\begin{pmatrix} & \\ & (-2)\times(-1)+0\times2 \end{pmatrix}$$

把以上的式子加以組合就變成：

$$\begin{pmatrix} 1 & 3 \\ -2 & 0 \end{pmatrix}\begin{pmatrix} 7 & -1 \\ 1 & 2 \end{pmatrix}=\begin{pmatrix} 10 & 5 \\ -14 & 2 \end{pmatrix}$$

●矩陣的積之圖形●

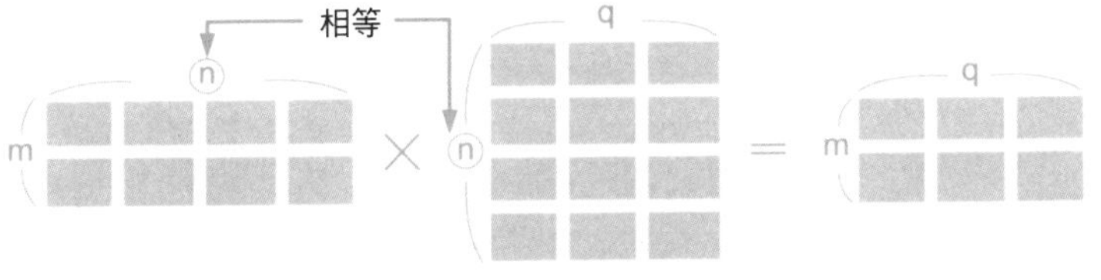

相等

m 列 n 行 × n 列 q 行＝ m 列 q 行

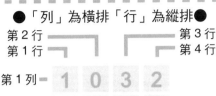

矩陣為一變換的機器

通過某個矩陣後向量變身為新風貌

「矩陣就是向量空間的變化！」

突然聽到這種說法的人，不免心存懷疑地說：「什麼？這可能嗎？」沒關係，看完以下的解說，相信一定能解開您心中的疑惑。

我們先把矩陣A固定成1個，再任意將向量乘以這個矩陣A，即可產生新的向量；這時的矩陣A就好像把向量移至其他向量的機制。

這個觀念是矩陣或向量中，所要表達的最重要部分。所以，要好好地弄清楚這個結構。

首先把各向量寫成行的向量；經由矩陣A和這個行向量的積（即矩陣的乘法），得到新的行向量。

這時整個行向量（集合），就構成整個平面，並可用R^2表示；如此一來，矩陣就變成將R^2上的各點轉移為R^2上的其他各點之變換機制。這種機制的功能或其作用的結果，就稱為線性變換。

線性變換有各種類型；如國產車變成外國車的線對稱變換、延長、收縮、旋轉……，可參考左邊和下面的圖形。當然，像三度空間的表現，也可變換為二度的平面。

■矩陣就是線性變換的機制■

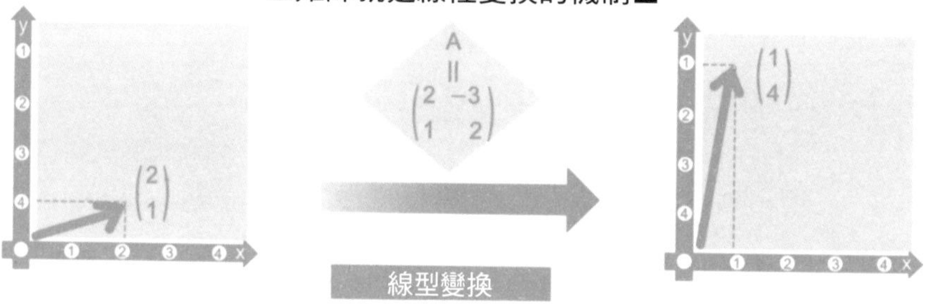

$$\begin{pmatrix}2 & -3\\1 & 2\end{pmatrix}\begin{pmatrix}2\\1\end{pmatrix}=\begin{pmatrix}2\times2+(-3)\times1\\1\times2+2\times1\end{pmatrix}=\begin{pmatrix}1\\4\end{pmatrix}$$

數學筆記 平行移動　將點 (x, y) 在 x 軸移 1，y 軸移 2 寫成 (x', y')。因為 $x' = x + 1$、$y' = y + 2$，故 $\begin{pmatrix} x' \\ y' \end{pmatrix} = \begin{pmatrix} x \\ y \end{pmatrix} + \begin{pmatrix} 1 \\ 2 \end{pmatrix}$，並非是矩陣的積。

●x 軸對稱●

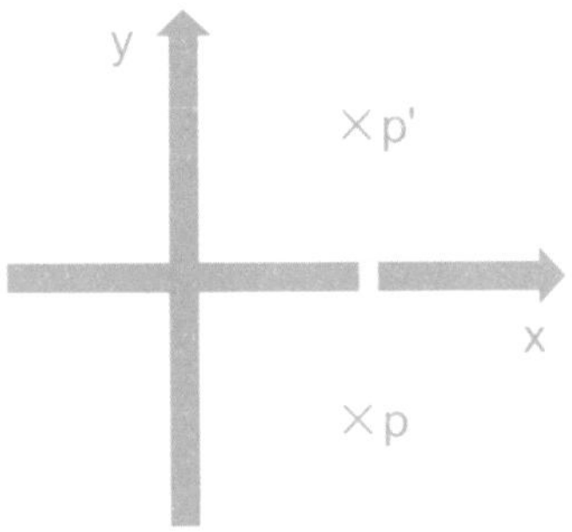

變換的矩陣

$$\begin{pmatrix} x \\ y \end{pmatrix} \longrightarrow \begin{pmatrix} 1 & 0 \\ 0 & -1 \end{pmatrix} \begin{pmatrix} x \\ y \end{pmatrix} = \begin{pmatrix} x \\ -y \end{pmatrix}$$

●延長或收縮●

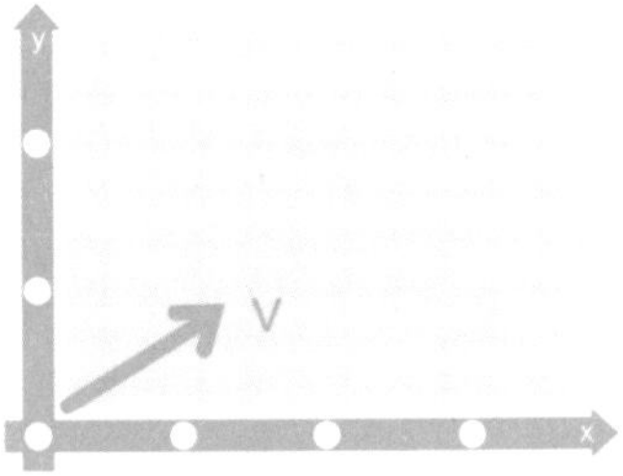

延長 $\begin{pmatrix} 2 & 0 \\ 0 & 2 \end{pmatrix}$　收縮 $\begin{pmatrix} \frac{1}{2} & 0 \\ 0 & \frac{1}{2} \end{pmatrix}$

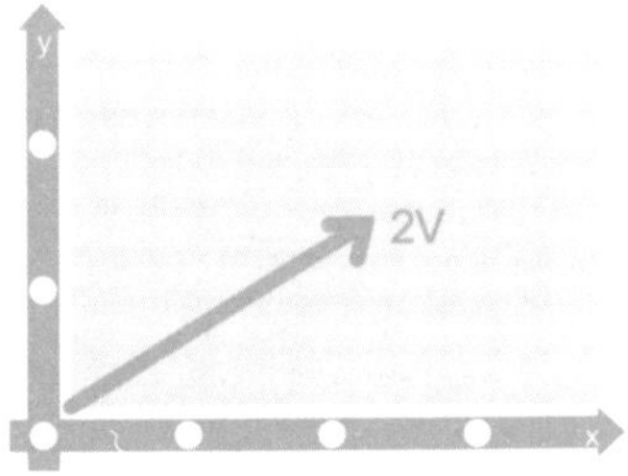

■國產車→外國車的變換■

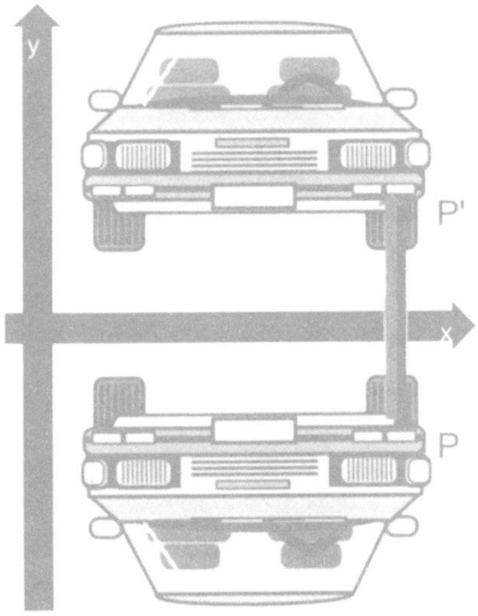

●旋轉●

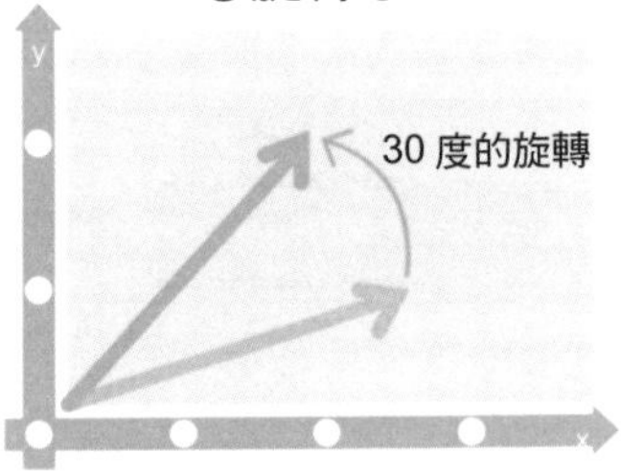

$$\begin{pmatrix} x \\ y \end{pmatrix} \longrightarrow \begin{pmatrix} \frac{\sqrt{3}}{2} & -\frac{1}{2} \\ \frac{1}{2} & \frac{\sqrt{3}}{2} \end{pmatrix} \begin{pmatrix} x \\ y \end{pmatrix} = \begin{pmatrix} \frac{\sqrt{3}x - y}{2} \\ \frac{x + \sqrt{3}y}{2} \end{pmatrix}$$

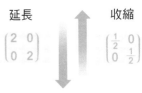

用矩陣解聯立方程式

利用反矩陣可解聯立方程式

這個世界再也沒有比方程式中的一次方程式 $ax = b$ 更簡單的問題了；當 a 不等於0時可寫成：

$$x = a^{-1}b = \frac{b}{a}$$

事實上，利用矩陣解聯立方程式的做法，和這個觀念完全相同；只不過，做題目時稍微需要運用一些矩陣的技巧。接下來將依序加以說明。

首先看看下圖的單位矩陣E。這個矩陣即使和其他的矩陣或向量相乘，對方的性質完全不起變化，作用相當於數字中的1！

緊接著說明反矩陣的觀念。

當兩個矩陣A、B，且$BA = E$時（單位矩陣）時，B稱為A的反矩陣，寫成A^{-1}。

而根據矩陣A^{-1}的變換，正好和根據A變換時相反；這種根據矩陣A^{-1}的變換，稱為A的反矩陣。不過要注意的是，並不是所有的矩陣都有反矩陣！

只要了解反矩陣的原理，後面的觀念就會變得很簡單，很快就能算出答案！

●單位矩陣●

$$E = \begin{pmatrix} 1 & 0 \\ 0 & 1 \end{pmatrix}$$

這個觀念十分重要!!

任何向量乘以E均不會改變！

$$\begin{pmatrix} a \\ b \end{pmatrix} \longmapsto \begin{pmatrix} 1 & 0 \\ 0 & 1 \end{pmatrix}\begin{pmatrix} a \\ b \end{pmatrix} = \begin{pmatrix} 1\times a+0\times b \\ 0\times a+1\times b \end{pmatrix} = \begin{pmatrix} a \\ b \end{pmatrix}$$

數學筆記 行列式　當 $A=\begin{pmatrix} a & b \\ c & d \end{pmatrix}$ 時，$ad-bc$ 稱為 A 的行列式值。當行列式不為 0 時，才有反矩陣。

●反矩陣●

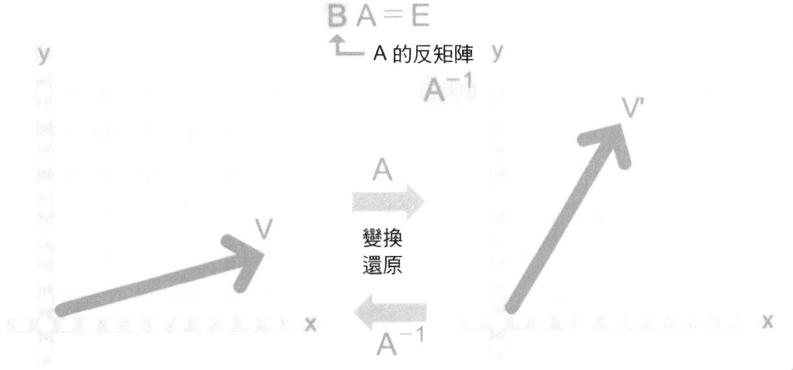

●反矩陣解聯立方程式●

以 33 頁的龜鶴算法做例子：

$$\begin{cases} x+y=8 \\ 2x+4y=22 \end{cases}$$

假設 $A=\begin{pmatrix} 1 & 1 \\ 2 & 4 \end{pmatrix}$ 的話，

上面的聯立方程式可以寫成：

$$A\begin{pmatrix} x \\ y \end{pmatrix}=\begin{pmatrix} 8 \\ 22 \end{pmatrix}$$

然後在兩邊各乘上 A 的反矩陣 A^{-1}

$$A^{-1}A\begin{pmatrix} x \\ y \end{pmatrix}=A^{-1}\begin{pmatrix} 8 \\ 22 \end{pmatrix}$$

如此一來，左邊變成

$$A^{-1}A\begin{pmatrix} x \\ y \end{pmatrix}=E\begin{pmatrix} x \\ y \end{pmatrix}=\begin{pmatrix} x \\ y \end{pmatrix}$$

所以，$\begin{pmatrix} x \\ y \end{pmatrix}=A^{-1}\begin{pmatrix} 8 \\ 22 \end{pmatrix}$

現在的

$$A^{-1}=\frac{1}{4-2}\begin{pmatrix} 4 & -1 \\ -2 & 1 \end{pmatrix}\begin{pmatrix} 2 & -\frac{1}{2} \\ -1 & \frac{1}{2} \end{pmatrix}$$

所以，

$$\begin{pmatrix} x \\ y \end{pmatrix}=\begin{pmatrix} 2 & -\frac{1}{2} \\ -1 & \frac{1}{2} \end{pmatrix}\begin{pmatrix} 8 \\ 22 \end{pmatrix}=\begin{pmatrix} 2\times 8+(-\frac{1}{2})\times 22 \\ (-1)\times 8+\frac{1}{2}\times 22 \end{pmatrix}=\begin{pmatrix} 5 \\ 3 \end{pmatrix}$$

●反矩陣的算法●

$A=\begin{pmatrix} a & b \\ c & d \end{pmatrix}$ 的反矩陣為：

當 $ad-bc\neq 0$ 時，

$$A^{-1}=\frac{1}{ab-bc}\begin{pmatrix} d & -b \\ -c & a \end{pmatrix}$$

接下來驗算 $A^{-1}A=E$。

$$\frac{1}{ad-bc}\begin{pmatrix} d & -b \\ -c & a \end{pmatrix}\begin{pmatrix} a & b \\ c & d \end{pmatrix}$$

$$=\frac{1}{ad-bc}\begin{pmatrix} da-bc & bd-bd \\ -ac+ac & -cd+ad \end{pmatrix}$$

$$=\begin{pmatrix} 1 & 0 \\ 0 & 1 \end{pmatrix}=E$$

●用座標來表示●

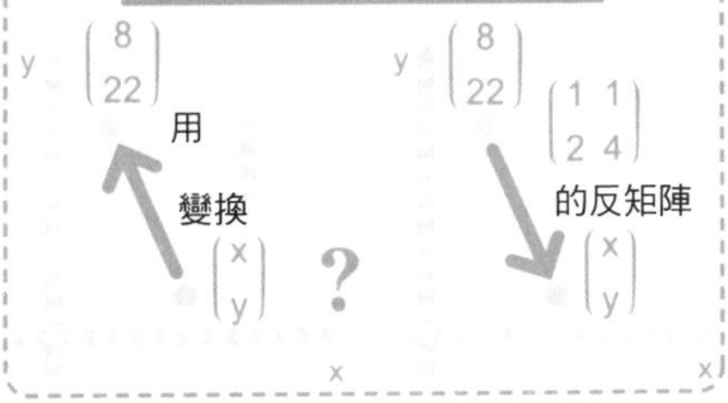

向量翱翔天空

透過許多力的向量合成可以飛行無礙

白努利定律

比空氣重的飛機可以在天空飛行、棒球投手可以投出下墜球或好球、網球選手可以把球打回對手那一邊……事實上，這些原理都一樣！

這些共同的原理稱為「白努利定律」（白努利，Daniel Bernoulli，1700~1782，瑞士物理學家，發表著名的「白努利定律」），這個定律對所有使用球類的運動，都有重大的影響力，也是航空工學等流動的物體（流體）基本的應用原理。

速度越大，壓力越低

不過，看到這裡別以為這個定律很困難，其實它很簡單，就是「當氣體或流體流動時，速度越大，壓力越小。」

如果把這個定理和向量做結合，就能輕易解釋為什麼飛機可以在天空飛行，或棒球投手可以投出下墜球。

一般飛機的機身或機翼剖面都採用所謂的流線型；如左頁的右上圖所示為，機翼剖面與其周遭空氣流動的樣子。

從圖形可以知道，當機翼上方的空氣流動速度快於下方時，根據白努利定律，上方的壓力會變小，機翼產生上升的揚力L。

直昇機的原理

這個揚力L正是使飛機對抗重力，飛行於空中的原動力。

由於飛機在水平方向會遭受來自空氣的阻力，必須經由螺旋槳或噴射引擎產生推力，才能消除這個阻力。

一般人只知道直昇機的原理和竹蜻蜓一樣，卻未能進一步探討它的真正原理，實在算不上真的了解。

事實上，在直昇機上都隨處可見向量的構思呢！

數學筆記

尖端科技的矩陣或向量運用⑴ 航空、宇宙開發或核能開發等科技迅速進步的原動力，莫過於取自「有限元素法」的構造力學之研究。而有限元素法正是利用矩陣進行分析的方法。

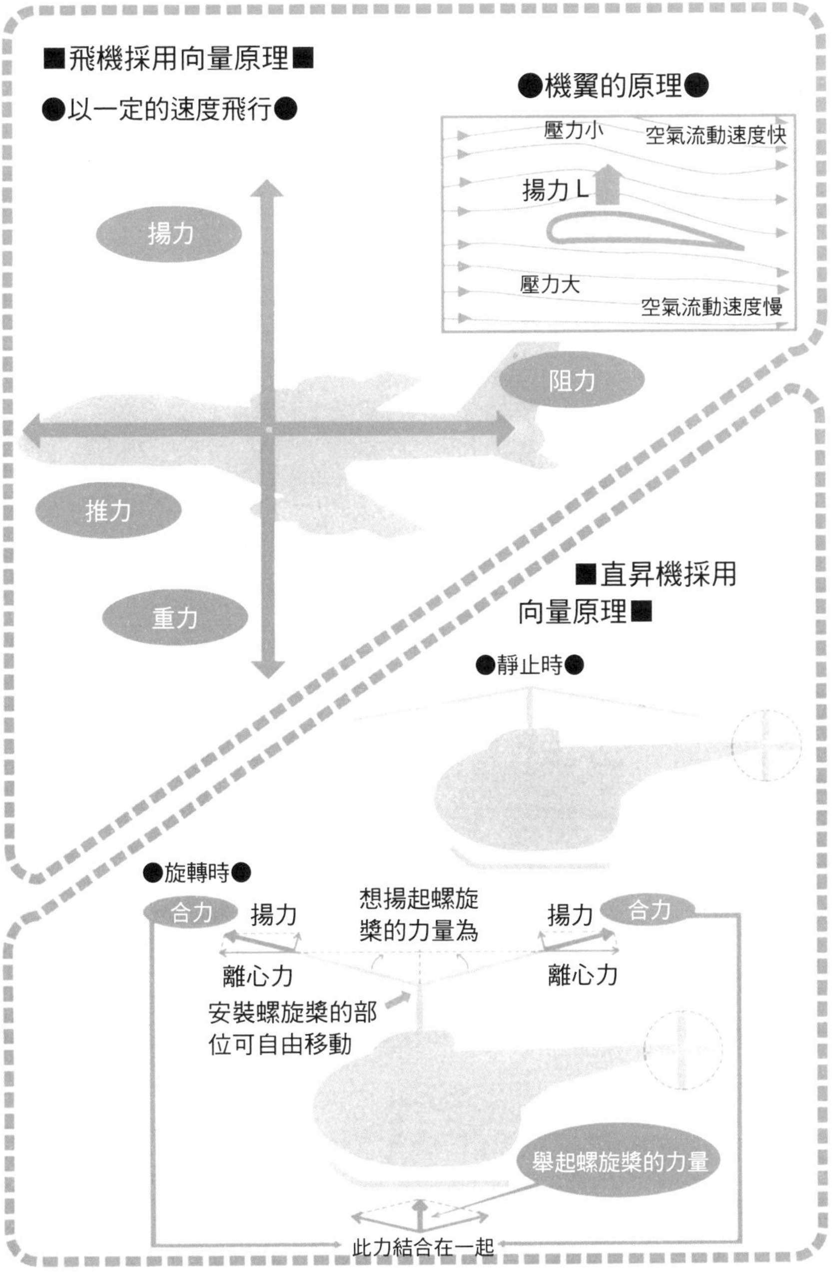

經濟中運用的矩陣

馬可夫鏈可預測汽車的市場佔有率

市場佔有率的變化

在汽車十分普及的今日，汽車業務員與其尋找尚未買車的消費者，倒不如把重點擺在換車族身上，比較有新的銷售契機。

當這個反覆換車動作進行的時候，「汽車製造商的市場佔有率（market share）有何變化？」這個問題，不僅是車商，對汽車業務員也是攸關生計的一大課題呢！

如果想要確實分析這個佔有率，不妨運用矩陣技巧的馬可夫鏈（Markov chain）預測法。

這種預測方法的基本構想是，在同一現象反覆出現的過程中，引發各種現象的確切率，是由正要發生此現象之前的狀態來決定。以下試舉實例加以說明。

為簡化問題，我們只以N汽車公司和T汽車公司為例。N汽車公司的車主考慮換車時，有九成的人會因車子的故障率低且款式新穎，而繼續選擇N公司的汽車，只有一成改買T公司的汽車；相對的，現在開T公司汽車的人，雖然它的售價高，但因性能還不錯，還是會有六成的人繼續購買，而其他四成換成N公司的汽車。

在此為進一步簡化換車問題，以每五年換車一次，視為一期；再以1期、2期……的方式依序討論。這就是利用車主更換汽車品牌的準確率，預則未來市場佔有率的馬可夫鏈預測法。

從左頁所示的推移矩陣A，可以看出市場佔有率的變化，此矩陣的積表示1期、2期……的市場佔有率。

過不了多久，這個市場佔有率就會接近某一個平衡點；而且，其落點和目前的市場佔有率無關，而是依據矩陣來決定。如同現在的市場佔有率，不管是50對50或100對0都沒關係。

亦即，即使目前的市場佔有率佔有優勢，若不繼續努力開發新客戶，沒多久形勢可能會出現大逆轉。

數學筆記

傳言不可輕信的理由 市場佔有率可運用在謠言的擴張。當言某人是罪犯時，有一成的比例會有誤傳；如同下面的矩陣，即使某人並非罪犯，傳到最後會有許多人認為他是犯人。

計算市場佔有率

〈計算 5 年後的市場佔有率〉

N 汽車公司的車主 5 年之後：

$\begin{cases} 0.9 \text{ 購買 N 公司的車} \\ 0.1 \text{ 購買 T 公司的車} \end{cases}$

T 公司汽車的車主 5 年之後：

$\begin{cases} 0.4 \text{ 購買 N 公司的車} \\ 0.6 \text{ 購買 T 公司的車} \end{cases}$

單獨取出這些數字構成的矩陣，稱為推移矩陣：

$$A = \begin{pmatrix} 0.9 & 0.4 \\ 0.1 & 0.6 \end{pmatrix}$$

假設 N 汽車公司和 T 汽車公司最初各有 50%的市場佔有率；5 年之後，N 汽車公司的佔有率為：

$$0.9 \times 0.5 + 0.4 \times 0.5 = 0.65$$

而 T 汽車公司的佔有率為：

$$0.1 \times 0.5 + 0.6 \times 0.5 = 0.35$$

可以用矩陣的積表示這個計算式子：

$$\begin{pmatrix} 0.9 & 0.4 \\ 0.1 & 0.6 \end{pmatrix}\begin{pmatrix} 0.5 \\ 0.5 \end{pmatrix}\begin{pmatrix} 0.65 \\ 0.35 \end{pmatrix} \begin{matrix} \cdots \text{N 社} \\ \cdots \text{T 社} \end{matrix}$$

只要把第 1 期市場佔有率的向量，乘以推移矩陣即可算出第 2 期的市場佔有率。

若假設最早的市場佔有率向量為：

$$X_0 = \begin{pmatrix} 0.5 \\ 0.5 \end{pmatrix}$$

那麼第 1 期的市場佔有率＝AX_0

第 2 期市場佔有率為

$$A(AX_0) = A^2X_0$$

第 3 期市場佔有率為

$$A(A(AX_0)) = A^3X_0$$

亦即，第 n 期市場佔有率 X_n

可寫成 $X_n = A^nX_0$

●N 公司的市場佔有率●

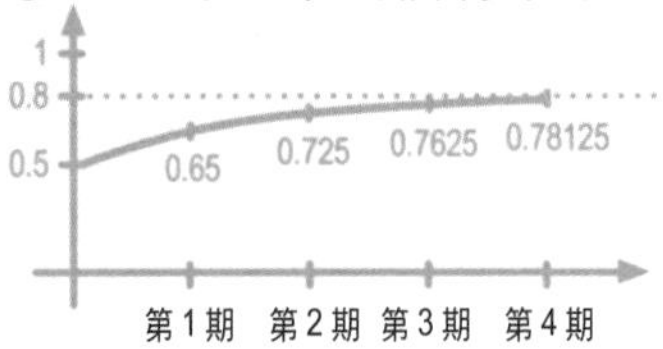

～即使一開始的市場佔有率是 0，沒多久就接近 8 成左右～

$$X_n = A^n \begin{pmatrix} 0 \\ 1 \end{pmatrix}$$

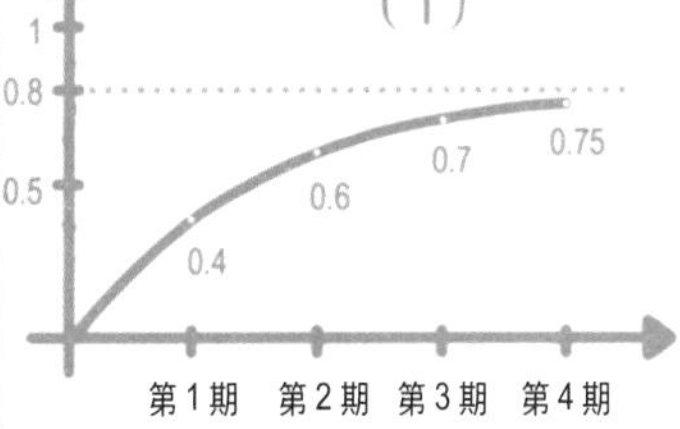

賽局理論運用於網球比賽

經濟或運動等競爭全都可藉由賽局理論求勝

基礎科學領域中的賽局

提到「賽局」，你可能會馬上聯想到象棋、圍棋、西洋棋或橋牌吧。

其實，這裡所介紹的賽局理論除了和這些賽局有關，還能是推廣到政治、經濟、社會、運動等等所有的基礎科學做進一步的發展。

這個理論的起源可溯自源於現代電腦基礎的數學家馮諾曼（J. von Neumann, 1903～1957），以及經濟學家摩根休提倫合著的鉅作《賽局理論與經濟行動》。

這本書的特色就是，把每一種競爭問題視為「賽局」，找出真正的探索方法。後來這個理論的應用範圍更廣泛，即使在社會科學層面，也受到重大的影響。

像這樣並不確定對方的行動，但一定要採取某種因應對策時，如何採取最有效率的行動為最大的課題。若把它轉為數學用語，就是抵出最有把握之確切的期望值（可測得的好處）之戰略。

接下來以網球雙打中的搶擊（poach）為例，具體加以說明。

所謂的搶擊，是指兩隊各自站在後面的兩位選手，在球賽的連續對打中，趁站在前面的選手往旁邊移動時，發出的截擊（不等球落地就打回去）。比賽時若未發出截擊，很可能會讓對方有機可趁，造成己方的失誤；所以，在網球雙打中，搶擊具有重要的意義。不過，一直採取搶擊的策略，最後可能會失去打長抽球的大好機會。

因此，可以利用這種賽局理論計算應該做出多少搶擊才合理。

首先將兩隊選手的技術數字化，建構出盈利矩陣；如圖左所示，由這個矩陣能算出搶擊出現的最佳可能性。

數學筆記

尖端科技的矩陣或向量運用(2) 在愛因斯坦的「相對論」中，向量的計算十分重要；而海森堡（1901～1976，德國的理論物理學家，於 1932 年獲得諾貝爾物理學獎）的「量子力學」，正是利用矩陣所建構的理論。

計算搶擊的最佳可能性

〈盈利矩陣的建構方法〉

由發球一方所見的盈利矩陣

發球一方 ＼ 接球一方	對角球	直線球
不移動	-0.5 【1】	1 【3】
搶擊	1 【2】	-1.5 【4】

【1】當接球一方回擊對角球時，如果發球一方的選手未搶擊，對接球一方比較有利，故以 -0.5 表示。

【2】當接球一方回擊對角球時，如果發球一方的選手搶擊，情勢大致底定，故以 1 表示。

【3】當接球一方回擊直線球時，如果發球一方的選手不移動，情勢還是大致底定，仍以 1 表示。

【4】當接球一方回擊直線球時，如果若發球一方的選手搶擊，確實會成為接球一方的重點球，故以 -1.5 表示。

把搶著打球的最佳可能性當 x，接球一方回擊對角的可能性當作 a，盈利矩陣為 y，可以算出以下的矩陣積。

$$y = \begin{pmatrix} x & 1-x \end{pmatrix}\begin{pmatrix} -0.5 & 1 \\ 1 & -1.5 \end{pmatrix}\begin{pmatrix} a \\ 1-a \end{pmatrix}$$

$$= (1-1.5x)a + (2.5x-1.5)(1-a) \quad \cdots\cdots(1)$$

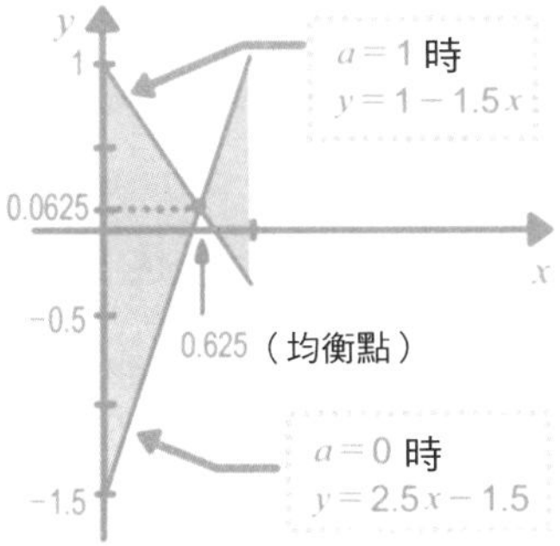

把 $a = 1$ 代入(1)式中，$y = 1 - 1.5x$
若代入 $a = 0$ 的話，$y = 2.5x - 1.5$
a 亦即接球一方回擊對角球的可能性，於 0 到 1 之間移動時，發球一方所得的盈利點，就是斜線的部分。
所以，當發球一方的盈利點最大時，可找出 2 條直線 $y = 1 - 1.5x$ 和 $y = 2.5x - 1.5$ 的交點。解開此聯立方程式，得知 $x = 0.625$；即此時的盈利點 y 為 0.625。

★這個數字意味著發球一方的選手，必須做超過一半的搶擊動作。

即使在科學如此發達的現代，「預測未來」仍是一個相當困難的課題。例如，股票市場接下來是漲還是跌——如果能迅速預測，那每一個人不都賺翻了！

不過，也不是完全無法預測未來；如「向量場」和「微分方程式」就是實例。

例如，在某個地區的某個點測量風速；因為風具有方向，其速度即可用向量來表示。把這個向量畫入地圖上試試看！像這樣在各個點測量的向量，稱為向量場。簡單地說，這個風的速度應該都沒有改變。這時如果放出汽球，會形成何種曲線呢？結果會發現汽球飛行軌跡的切線，變成和向量場的向量一致的曲線。

大家也應該知道微分可以用來找出切線的斜率；亦即，所謂的向量場，就是在各個點決定的微分值。反過來說，可以用向量場找出原來的軌跡嗎？解微分方程式即可。

COLUMN

未來的預測

～未來可以預測嗎?!

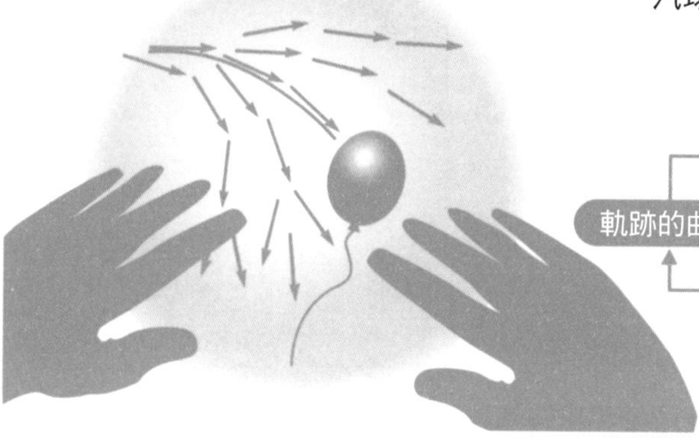

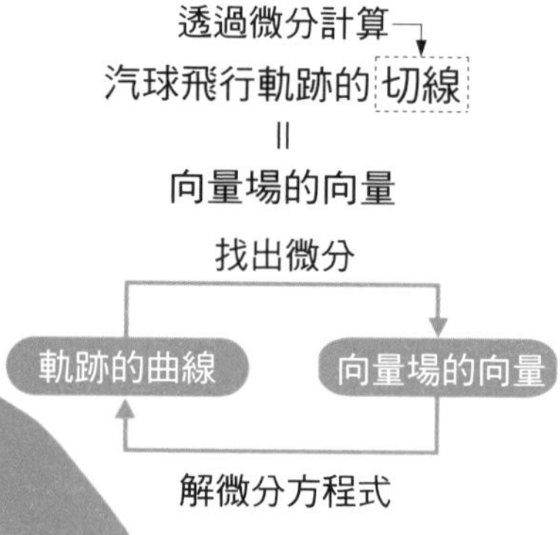

第5章

數學之王微積分

微分與積分的故事

重點是計算面積

積分起源於古埃及尼羅河的氾濫

如何計算複雜圖形的面積或體積？

積分源自古埃及

目前所謂的微積分，其實是微分和積分的通稱；教科書上的學習順序如同此名稱，都先學微分，熟悉之後再教積分。

如果從完整的微積分體系來看，就不難理解何以會有這種學習的順序出現。

不過，從歷史的觀點來看，這個順序正好相反。因為微分直到十七世紀，才由牛頓和萊布尼茲發現，而積分的起源來自古埃及尼羅河的氾濫。

如同「埃及是尼羅河神的恩賜」一語所言，尼羅河孕育了古埃及文明，尼羅河的氾濫造就了土地測量技術或幾何學的發達。如前所述，「幾何學」一詞來自古埃及的土地（geo）和測量（metry）。

不管是用複雜的曲線圍成的圖形面積，或是如同金字塔般的四角形體積，都是當時的數學家努力不懈的研究課題。而在此獲得

數學筆記

生死置之度外的計算狂熱　據說蹲在路旁埋首於π之計算的阿基米德，在快要被羅馬士兵刺殺的時候還表示：「等我算完你再動手！」

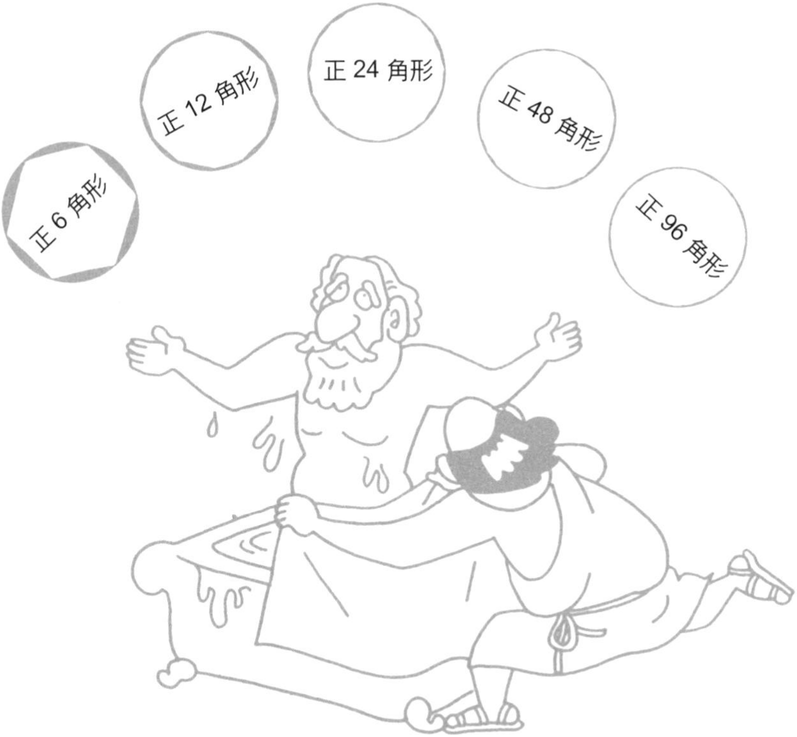

的知識及發現，再由古希臘的數學家阿基米德進一步發揚光大。

阿基米德採用的方法，成為現在積分觀念的基礎。即為了計算複雜的圖形面積，而將圖形切成小圖形，以便理解這一個一個的小圖形。

阿基米德基於這個觀念，計算圓周率π，在理論上算到現在我們使用的近似值，也就是3.14。

進一步了解阿基米德的算法，可以重看第3章介紹π的部分。

先假設直徑為1的圓，有一個內接的正六角形和一個外接的正六角形，這二個正多角形中間為圓周，再利用畢達哥拉斯定理算出正多角形的周長。

當圖形的角數續增，變成正12角形、正24角形……甚至是正96角形時，都可用此方法算出π的近似數值。

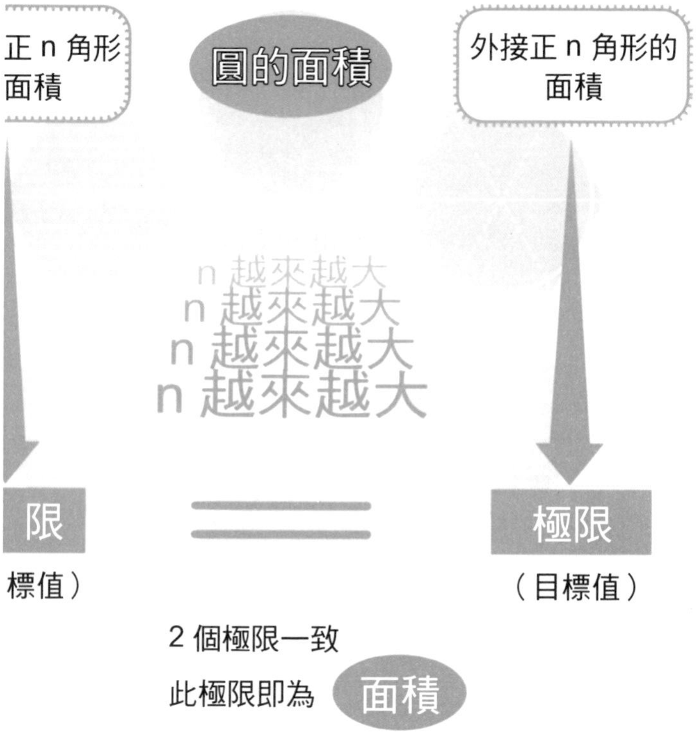

越切越小的圖形

阿基米德開啟微積分的大門

阿基米德為算出圓周率，他用正96角形的近似圓來計算；當這個96的數字越來越大時，就越來越接近正確的圓周率。但是，結果絕不會出現正確的數值，即使是正一兆角形，也只是精確度比較高而已。

何謂「極限」？

這節要介紹的重點就是「極限」的觀念。了解極限為何，即可熟悉微積分的運作。

接下來以數列舉例說明極限，例如，

2, 2, 2, 2, 2, 2, ……

這是只有2的數列，故不必多想，2就是它的極限。

$1, \frac{1}{2}, \frac{1}{3}, \frac{1}{4} \cdots\cdots \frac{1}{n} \cdots\cdots$

當n越來越大時，就會越變越小，亦即這個數列的極限為0。

以π為例

數學筆記 **極限出現了嗎？** 數列的極限未必會出現在數列中。如下文中的例子，第一個數列中就出現了極限2；但第二個數列的極限0，並未在數列中出現。

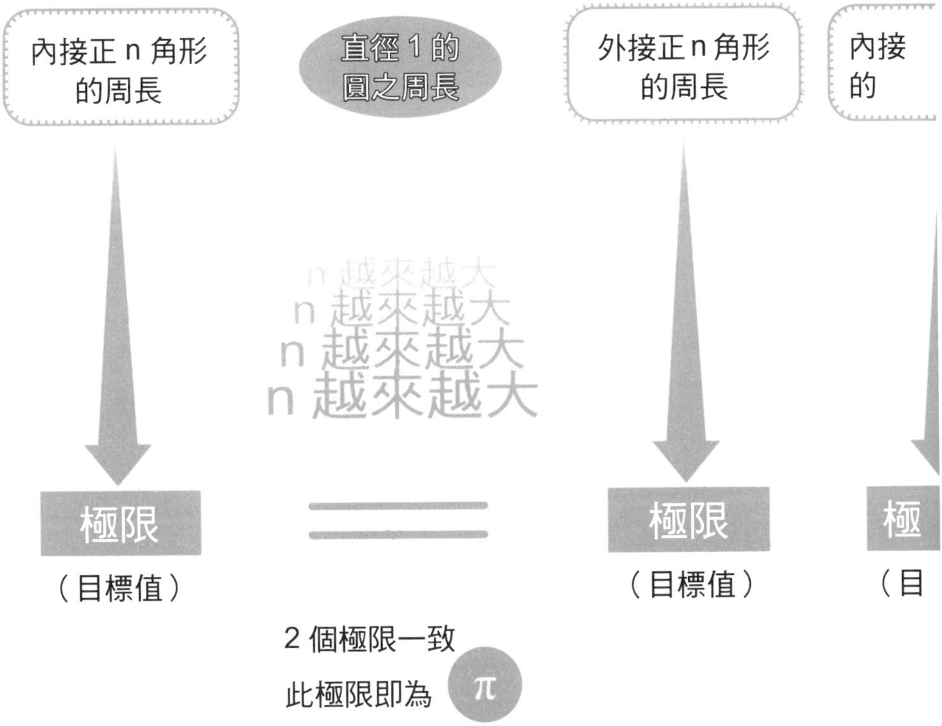

緊接著再以圓周率π為例。把阿基米德想到的96這個數字逐漸放大，這時會發現，有一個數字越來越接近內接及外接正多角形的圓周長，這個值稱為「極限」。

原來如此！想必你已經注意到這個值就是圓周率π，也就是所謂的極限！

正多角形的角數

而這種正多角形的角數，會一直增加。此時，目標值稱為極限，寫作π。

在此要注意的是，人類無法具體地一個一個計算這些數值；所以，在腦海中有一個永遠繼續計算，近似的目標值π。

圓的面積也是一樣，近似正多角形面積，其角數越增越多時，可找出極限。

由以上可知，不管是圓周長或圓的面積，都可以透過越切越小的圖形之極限算出來；這正是微積分思考的核心。

積分的構思

利用極限思考算出曲線圖形的面積

$$R_n \leqq S \leqq T_n$$

n 越來越大

$$R = T$$

2 個極限一致，
這就是

$$S$$

定積分

$$S = \int_b^a f(x)\,dx$$

以近似的極限計算面積

如前面所述，想計算圓的面積時，只要知道內接和外接於圓的圖形面積，且形狀近似此圓時，其極限一致後即可算出圓的面積。

事實上，即使是針對一般的函數，這種「以近似的極限計算面積」的概念完全相同。而所謂的積分就是計算出這個面積。

接下來看一般的連續函數（相關函數）：

$$y = f(x)$$

如左上圖所示，把函數和 x 軸，及 a 至 b 之間圍成的圖形面積設為 S。

首先把 a 至 b 之間的部分分為數等份，以正整數 n 表示，即分成 n 等份。

切割的部分越來越多

隨著切割的部分越來越多，我們可以分成完全概括問題中之圖形的長方形列 T_n，以及正好相反，完全被圖形概括的長方形列

數學筆記

各種面積的公式　長方形：長 × 寬。平行四邊形：底 × 高。三角形：底×高 ÷ 2。圓形：πr^2。球的表面積：$4\pi r^2$（r 為半徑）。

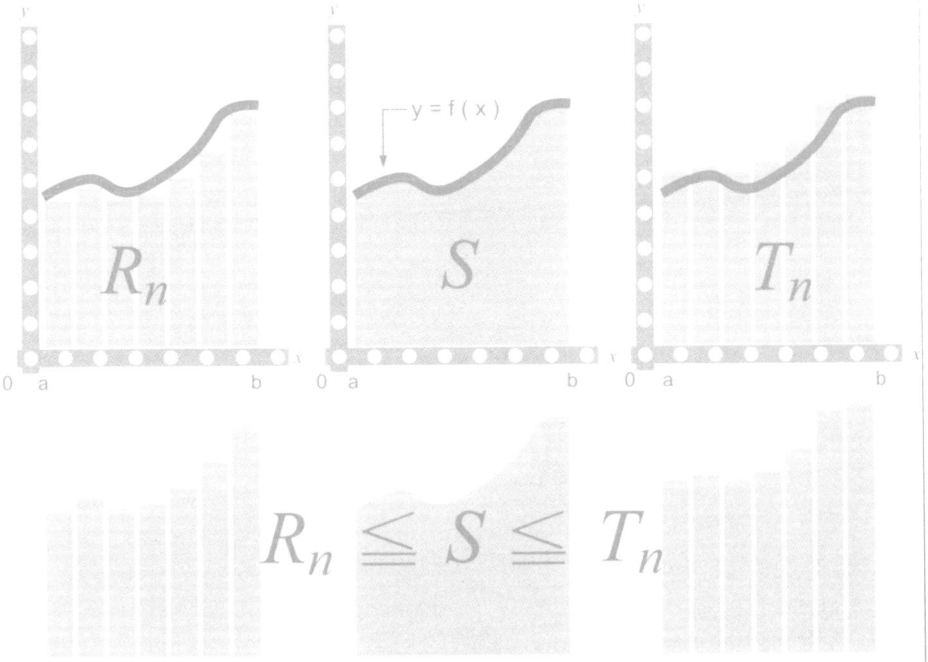

R_n。然後確實算出每一個長方形的面積，再全部相加，即可算出這個圖形的面積。

結果可知，完全概括問題中之圖形的長方形面積大於T_n圖形面積S，而完全被圖形概括的長方形面積R_n小於圖形面積S。

看到這裡，你是否已經發現計算面積的好辦法？當n朝無限大增加時，其兩側數值的極限是存在且一致的（這點已經過學者的審慎證明，不必懷疑）！

最終的正確值

接下來，為這個極限一致的圖形面積S下一定義：稱為「函數$y = f(x)$從a到b的定積分」，寫作：

$$S = \int_b^a f(x)dx$$

最後把積分的觀念做一彙整。先找出一個能讓函數易於被了解的近似值，使用極限的概念，找出最終的正確值。這裡的近似值只是暫時的，真正的數字要透過極限找出來。

追

求瞬間速度

千變萬化的速度唯有微分可以掌握

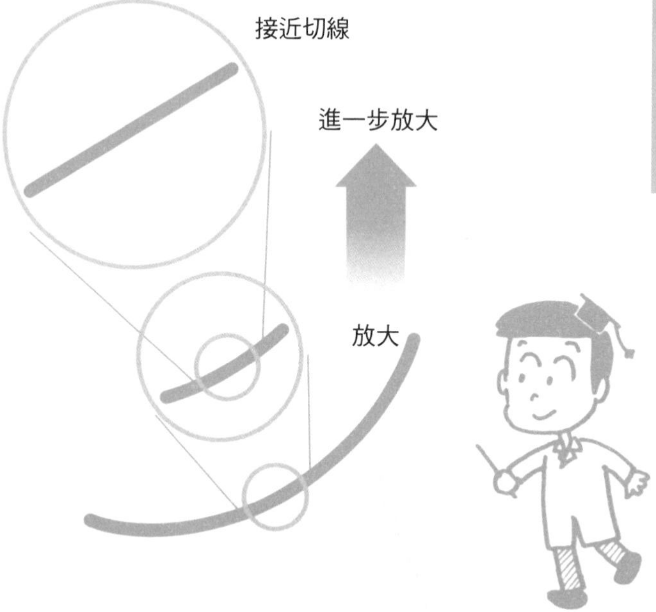

$$瞬間速度＝\frac{f(x_0+h)-f(x_0)}{h}＝割線的斜率$$

這個 h 會越來越小

接下來，微分終於要登場了！其實人們日常生活中，早已有微分的存在；例如，把汽車的行走距離作微分的正是——速度。也就是說，速度表（speed meter）可說是微分的架構。

我們可以如左上的圖形一樣，使用座標表現汽車行進間的情形。只要觀察座標圖，即可明白汽車的車速變快或變慢。座標線呈水平的部分，表示汽車處於速度不變的狀態；若突然升起，表示車速加快，反之座標線平緩，表示車速變慢。

從圖形會發現汽車的瞬間速度就是，把座標的曲線當作斜坡時的斜率。那麼，所謂的斜率要如何表示呢？最容易讓人了解的表示方式是，當座標的曲線為「直線」時。

因為座標的曲線為直線時的汽車行進速度，與時間成比例關係，汽車會以一定的速度前進。而且，用時間除以行走距離所得的車速，必是直線的斜率。

數學筆記

「平均」容易找嗎？　在變化萬千的速度中，想由平均速度找出瞬間速度並非易事。像平均分配、平均壽命，「平均」似乎和現實差距頗大呢！

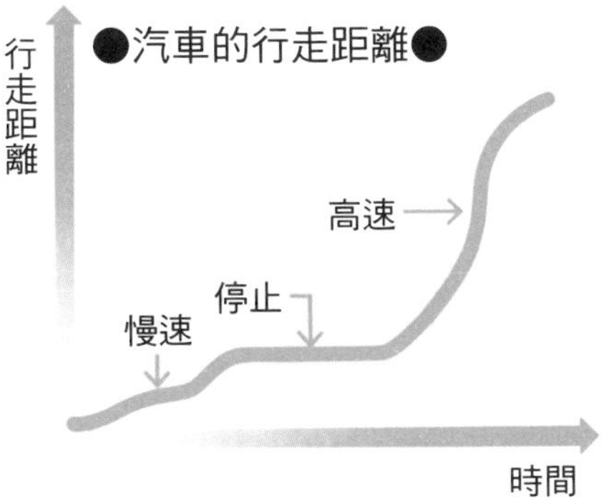

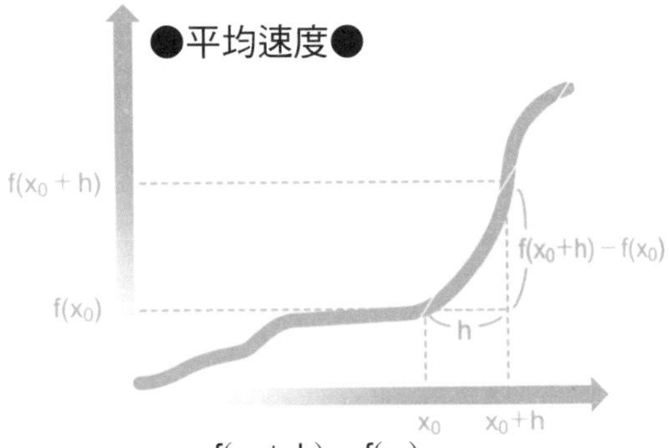

平均速度＝$\frac{f(x_0+h)-f(x_0)}{\quad}$

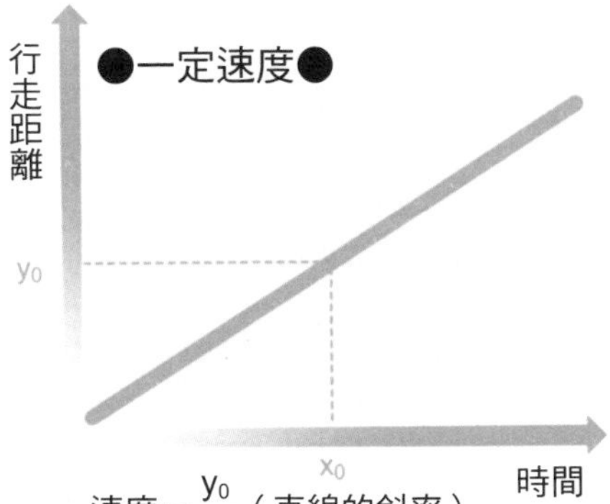

速度＝$\frac{y_0}{x_0}$（直線的斜率）

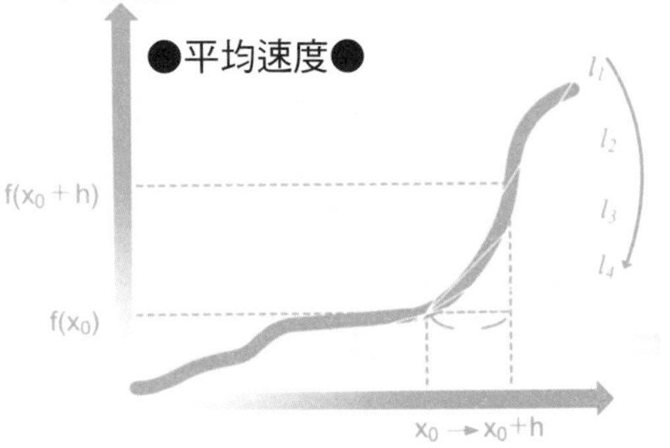

n 越來越小

那麼，對於變化莫測的速度，要如何表示呢？

若為了解時速是幾公里，而想找出汽車1小時行走的距離，會發現其瞬間速度相當快，倒不如先測出1分鐘行走的距離。如果1分鐘走1公里，時速就等於60公里。可是，汽車又不是每一分鐘都以相同速度前進。或許有人會說，那以一秒鐘吧……；但不論是多短的時間，都無法作成結論。而極限的觀點，正好可以克服這個缺點。亦即，

平均速度＝$\frac{\text{時間前後位移的變化}}{\text{時間}}$

當時間越來越短，此值就會越來越接近某個數值；這時就能把這個目標值定義為瞬間速度。所以，行走距離的微分就是指這種各瞬間的速度。

若把它改為座標圖，就是曲線割線的斜率；用放大鏡可以看到此割線越來越集中在一點的極限呢！

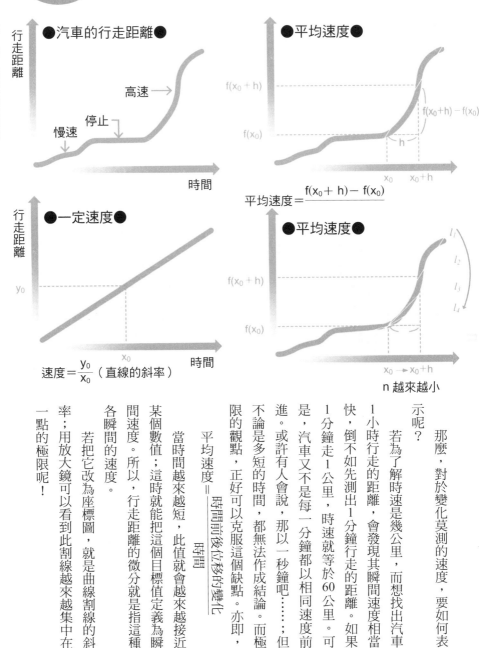

微分再微分

追蹤函數曲線的最大線索是導函數

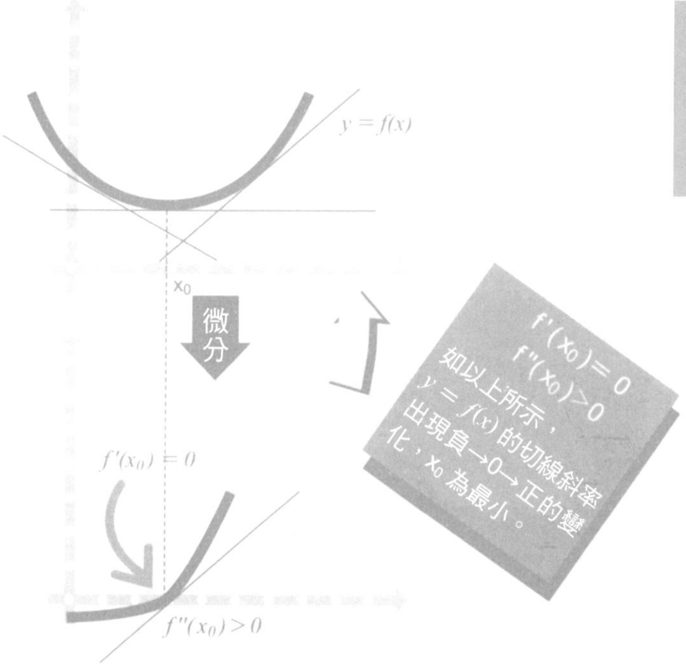

時時刻刻有變化

把汽車行走的距離微分是車速，而車速時時刻刻都有變化。所以，只要留意車速，會發現速度本身再度成為時間的函數。汽車本身可以記錄隨時變化之速度表的數值；亦即，把微分的部分呈現在速度表上，就成了新的函數。

一般出現函數時，將此函數微分後會再次成為另一函數，故開啟此函數之門的函數，被稱為「導函數」。在微分的定義中，x_0只限一個，但後來能讓其他函數掙脫此限制自由發揮的正是導函數。

n次導函數

雖然特別提到導函數，其實它也算是普通的函數；一出現函數，就想要再把它微分看看，這也是人之常情吧！所以，經過二次微分所得的函數稱為第二次導函數；若持續

數學筆記

汽車吊環為加速度的測量計　當車速一定時，汽車吊環朝下。若車速增加，汽車吊環的方向與行進方向相反；汽車停止時，吊環卻朝行進方向移動。

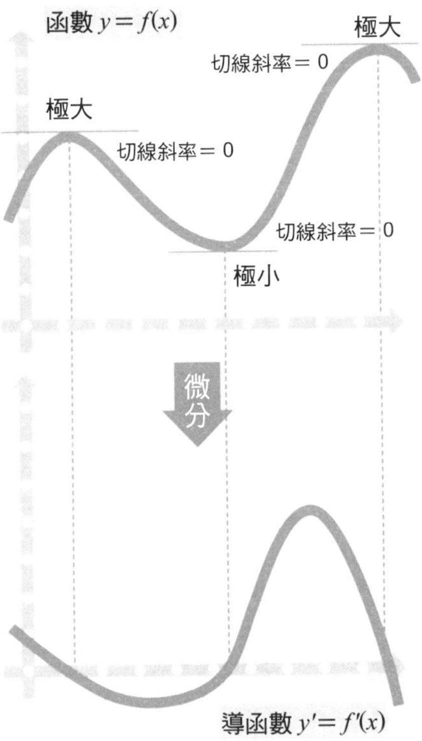

■何謂導函數■

$y=f(x)$ → $y'=f'(x)$

微分　導函數

●微分的公式●

$f(x)=x$ → $f'(x)=1$

$f(x)=x^2$ → $f'(x)=2x$

$f(x)=x^3$ → $f'(x)=3x^2$

$f(x)=x^4$ → $f'(x)=4x^3$

$f(x)=x^n$ → $f'(x)=nx^{n-1}$

下去，就出現n次導函數。

「這樣很麻煩啦！還是用普通的導函數就好了！」當這些異聲出現後，或許微積分最精華的部分就會遺漏。

加速度

把汽車行走的距離微分所得的導函數，再度微分所得的函數，亦即，其二次導函數，稱作「加速度」。在牛頓提出力學學說之前，人類藉由這種加速度能感受到身體不同的變化。而飛機之所以可以在高空快速飛行，卻沒有感受到太大的阻礙，完全是因為這個加速度幾乎等於0的緣故！

其次，函數座標圖呈現的山或谷，讓導函數或第二次導函數更受矚目。以座標圖谷為例，當x_0處的一次導函數為0，且二次導函數為正數時，函數於x_0處圖形為座標圖谷。

如此一來，導函數或二次導函數在函數曲線的追蹤上，就成為最大的線索。

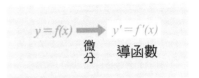

微

分不離積分

魔棒一揮，微分與積分緊緊相依

互成逆運算

一般都把「微分和積分」合稱為「微積分」；微分是用來計算切線的斜率，而積分則用以計算面積。

乍見之下，毫無關係的微分和積分，在魔棒一揮之下，成了形影不離的好搭檔；這把魔棒堪稱是微積分學的精華所在，稱為「微積分學基本定理」。

若以一句話說明其內容，就是：「微分與積分互相成為逆運算」。

微積分基本定理Ⅰ

這好比減法是加法的逆運算，除法是乘法的逆運算一樣。

現在，設連續函數為：

$y = f(x)$

當 a 為常數，t 為變數時，函數 $y = f(x)$ 與 x 軸、y 軸所圍成的 a 至 t 間

微積分基本定理 I

$$S'(t)=\left(\int_a^t f(x)dx\right)'=f(t)$$

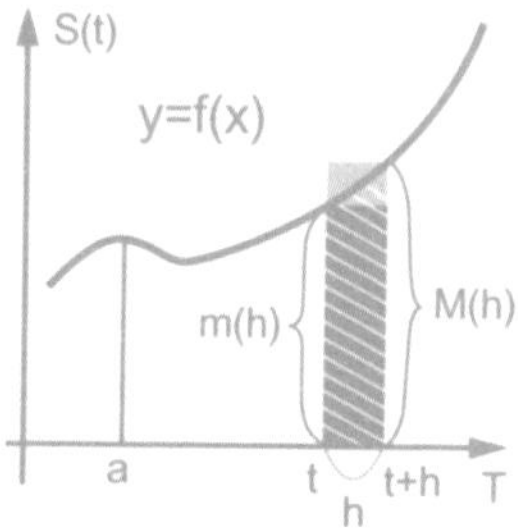

$S(t+h)-S(t)$ 為斜線部分的面積

$M(h)$：為 t 開始到 t + h 之間移動時的 $f(x)$ 最大值

$m(h)$：為 t 開始到 t + h 之間移動時的 $f(x)$ 最小值

圖形的斜線部分包括在大柱中，並包含了小柱；將其面積加以比較：

$$m(h)\times h \leqq S(t+h)-S(t) \leqq M(h)\times h$$

全部除以 h 之後，$m(h)\leqq\frac{S(t+h)-S(t)}{h}\leqq M(h)$

這時如果 h 越靠近 0 的話，$m(h)$ 和 $M(h)$ 都會更接近 $f(t)$，正中央的式子變成 $S'(t)$（會聯想到微分吧！）

$$S'(t)=f(t)$$

數學筆記 **人體具有微積分的機能？** 人體可以感受到加速度，也能感受到加速度的大小；亦即，人體能自由運算導函數！因此也能感受積分！

微積分基本定理Ⅱ

當 $F'(x)=f(x)$ 時，

$$\int_a^t f(x)dx = F(b)-F(a)$$

（證明） $S(t)=\int_a^t f(x)dx$

首先先計算 $S(t)-F(t)$。

利用基本定理Ⅰ（積分微分後都回到原點）：

$$(S(t)-F(t))' = S'(t)-F'(t)$$
$$= f(t)-f(t)=0$$

當微分等於 0 時，這個式子稱為定數；亦即，

$$S(t)-F(t)=C\cdots\cdots(1)$$

若把 $t=a$ 帶入此式中，

$$S(a)-F(a)=C\cdots\cdots(2)$$

若 $t=a$ 也帶入 $S(t)$ 中的話，$S(a)=\int_a^a f(x)dx=0$

這時沒有面積，$S(a)=0\cdots\cdots(3)$

從(2)和(3)式得知 $C=-F(a)$ 再將它帶入(1)式中看看：

$$S(t)-F(t)=-F(a)$$
$$S(t)=F(t)-F(a)$$

$$\int_a^t f(x)dx = F(t)-F(a)$$

為 t 為任意數，將 b 帶入後即成上面的式子。

的圖形面積，就是所謂的積分：

$$S(t)=\int_a^t f(x)dx$$

這是88頁的圖形等式稱為「微積分基本定理Ⅰ」；積分與微分均可回歸原點。

微積分基本定理Ⅱ

其次，在具體利用各種積分時，能發揮最大力量的是「微積分基本定理Ⅱ」（如上圖所示）。

這時，經過微分積分後，除了常數外，其他均可回歸原點。

把微積分基本定理Ⅰ和微積分基本定理Ⅱ綜合起來，除了常數之外，微分與積分互相成為逆運算。

所以，我們說微分與積分的關係是焦不孟，孟不離焦，兩者緊密不可分！

函數 $f(x)$ 和 $f'(x)$

了解微積分基本定理，積分變簡單

記住孩子的長相

＝

微分的公式

〈微分的公式〉　〈積分的公式〉

$(ax)' = a \rightarrow \int a\,dx = ax + C$

$(ax^2)' = 2ax \rightarrow \int ax\,dx = \frac{ax^2}{2} + C$

$(ax^3)' = 3ax^2 \rightarrow \int ax^2 dx = \frac{ax^3}{3} + C$

微積分基本定理的積分法

為了算出圖形的面積或體積，先把它細分成小塊再求出總和——這種算法實在麻煩；而且，對複雜的曲線來說，這種方法也不實用，久了自然受到限制。

而取自微積分基本定理的積分法，正好可以克服這個缺點。

根據這個基本定理，在將某個函數 $f(x)$ 分時，若能找到其他函數 $g(x)$，將 $g(x)$ 微分後，會成為 $f(x)$ 的形式，$g(x)$ 就可以是 $f(x)$ 的積分。

像這一類的函數 $f(x)$，一開始的函數 $g(x)$ 稱為原始函數或不定積分。相對之下，原來使用的積分如同面積已定了一樣，稱為「定積分」。

如此一來，要計算所給的函數之定積分時，就要先微分找出函數值。

所以，最好能夠知道許多微分的計算實

數學筆記

無法微分的函數　所有的函數都能微分嗎？畢竟是函數，所以，並不是每一點一定都有切線，因此有許多函數無法微分，如 $y=|x|$ 就是常見的例子。

如何算出地球的體積

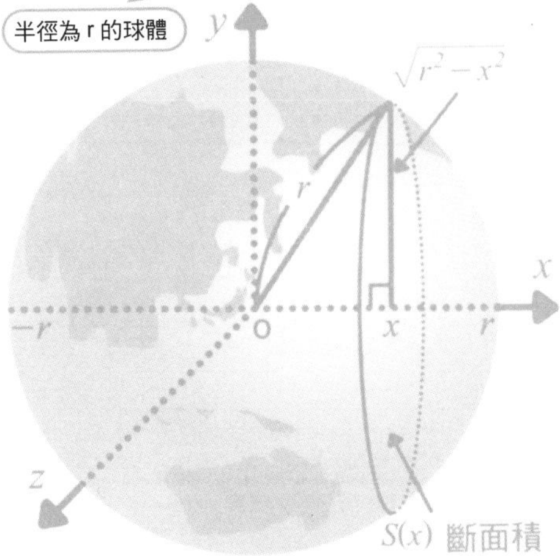

斷面積：$S(x)=\pi(\sqrt{r^2-x^2})^2=\pi(r^2-x^2)$

球的體積 V 就是斷面積 $S(x)$ 從 $-r$ 到 r 的積分。

$$V=\int_{-r}^{r} S(x)dx$$
$$=\int_{-r}^{r}(\pi r^2-\pi x^2)dx$$

計算這個積分之前，先注意以下的函數：

$$F(x)=\pi r^2 x-\frac{\pi}{3}x^3$$

何以突然會出現這個函數呢？事實上，這個函數的微分就是：

$F'(x)=\pi r^2-\pi x^2$

從微積分學的基本定理 II 可知：

$V=F(r)-F(-r)$。

分別帶入計算

$$V=\left(\pi r^2\cdot r-\frac{\pi}{3}r^3\right)-\left(\pi r^2\cdot(-r)-\frac{\pi}{3}(-r^3)\right)=\frac{4}{3}\pi r^3$$

因地球半徑約為 6400km，故體積為 $\frac{4}{3}\pi(6400)^3$ km^3。

例，以便於馬上找出函數值。

如前所述，微分與積分關係密切；而函數 $f(x)$ 與其微分之後的函數 $f'(x)$ 的關係就像親子。

所以，積分時就好像從孩子的臉，找到孩子的父母一樣。

算出地球的體積

只要利用微積分基本定理，也能輕鬆算出地球的體積。以下就如上圖所示，具體計算地球的體積。

再者，不限於圓錐體的錐體，一般都稱為圓錐銅，其體積計算公式如下：

$$\frac{底面積\times 高度}{3}$$

除此之外，例如花瓶的盛水量，只要能用函數表示出花瓶的曲線，即可輕易算出想要的數值。

應用微積分

生活中到處都是微積分的應用實例

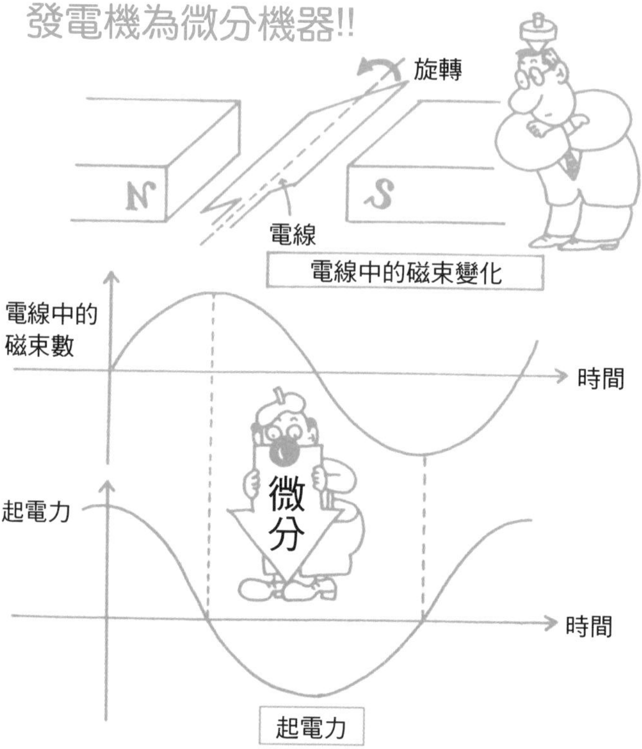

應用範圍最廣

若問數學中哪一範疇的應用範圍最廣，無庸置疑是微積分！只要看看生活周遭的事物，馬上會發現這個道理。

首先，一定要舉出的例子就是和人類生活息息相關的電氣。從電氣來源的發電機、變壓器、送電器，到電視、收錄音機、洗衣機等等家電製品，說它們完全是根據微積分原理所創造的一點都不為過。

法拉第電磁誘導法則

如以發電機為例：，其原理來自法拉第（M. Faraday, 1791～1867，英國物理及化學家，以研究電磁氣聞名於世）的電磁誘導法則。

法拉第的電磁誘導法則如下所示：

「把電線在磁鐵的N極和S極對峙中移動後，電線會產生電壓，其大小與橫切過的

數學筆記

經濟學也是微積分的範疇　掌握總體經濟的總體經濟學，採用積分的構思（但實際的計算也要使用微分）；而處理各企業或個人經濟狀態的個體經濟學，則是運用微分的觀點。

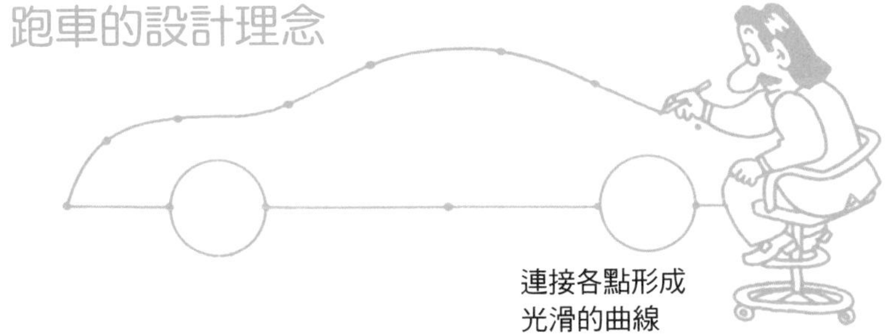

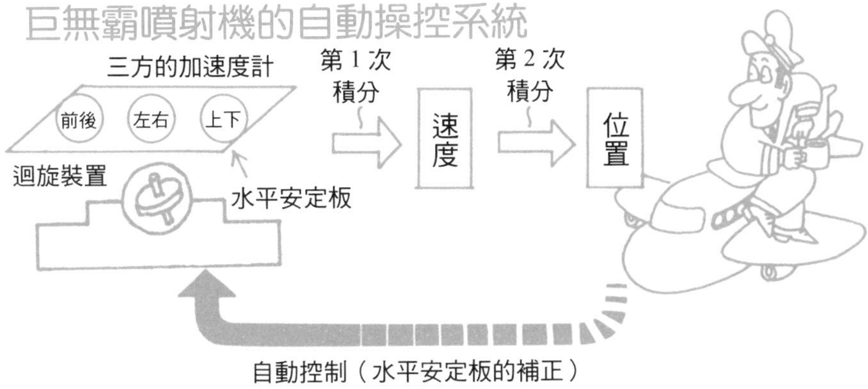

磁束成比例（亦即微分）。」

這種微分的構想也運用在夢幻的超高速列車「磁浮列車」車體上。至於隨處可見的電視、收錄音機或CD音響等視聽器材的電容器或電線也都是微分和積分的作用。

電腦繪圖運用微積分

即使是十分普及的電腦科技中，目前備受矚目的電腦繪圖，也必須藉著微積分的重大功用才得以發揮。

例如，設計車身時需要光滑的曲線或曲面製圖，於是，雲形規（描繪大弧線專用）曲線技巧就派上用場了。此乃將數個點施力於畫面上，與電腦使用微分畫出的光滑曲線相連而成。

其他像巨無霸噴射機的自動操控系統中，會設有使用迴旋裝置，針對地表朝向水平與基準方位的水平安定板。而且，還能測出迴旋裝置前後、左右、上下的加速度，做二次積分，找到時時刻刻變化的目前位置。

你是否聽過古希臘人所提出之似是而非的詭論——阿基里斯與烏龜的賽跑；這個奇怪的故事是說，希臘神話中的飛毛腿阿基里斯雖然跑得飛快，卻追不上一隻烏龜。

故事中的阿基里斯站在烏龜後面一百公里處，同時出發；阿基里斯的秒速為十公里，烏龜為一公里。當阿基里斯跑了十秒到達烏龜的出發地點時，烏龜往前走了十公里。接下來，即使阿基里斯又跑到烏龜的領先地點，烏龜還是會稍微向前推進。亦即，阿基里斯永遠追不上烏龜……？

而導致這種不合理之結論的理由是，把追逐時出現的極限錯限制在距離上；如果考慮競爭的時間極限點，一過了該極限時間點，阿基里斯就可以順利地追過烏龜。

COLUMN

阿基里斯的比賽

將架構轉換為座標圖

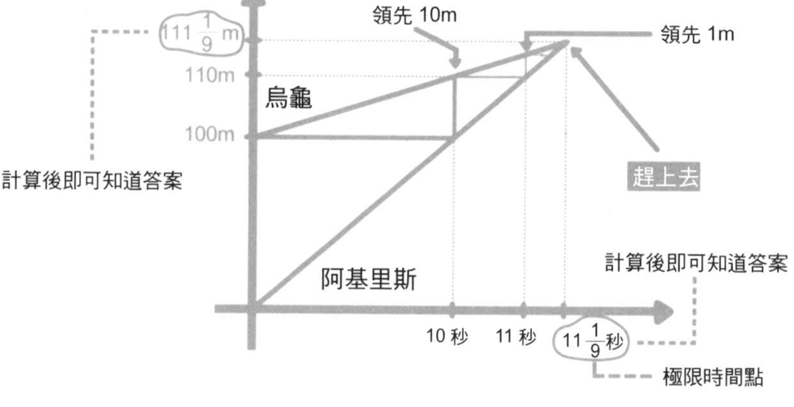

第6章

偶然的科學

機率的故事

與命運女神邂逅的方法

將「偶然」科學化的機率論起源自賭博

上帝擲不擲骰子？

這個世界充滿了偶然；如擲出骰子1點，是偶然；中獎是偶然；賭場中的球會停在賭盤上的哪一格，也是偶然。

可是仔細想一想，這些被認為是偶然的現象，其實也有原因。以骰子而言，擲出的方法有極大影響。只要了解骰子離手時的瞬間速度，或旋轉的一切數據，再加上空氣的流動或輪檯的狀況，那麼擲出1點，就不是偶然而是必然了！

不過，目前人類擁有的能力，還不足以找出這個必然性；所以，就只能把這些現象定位在「偶然發生」的觀念上。

或許是為了彌補智慧上的不足，人類開始有了「機率」的想法。這個想法就是，即使我們並不了解每一個發生的現象，但只要反覆多次作全面性的觀察可找出其中的規律性。

據說，義大利的數學家卡爾丹諾（1501～1576）是最早有系統地研究機率的人。

卡爾丹諾針對機率完成這方面最早的著作《機會的比賽讀本》中，正確地算出擲二次或擲三次骰子的機率；這本書也成為賭博的指導手冊。

起源自賭局的這個機率論，後來經由法國的數學家巴斯卡（Blaise Pascal, 1623～1662）和費馬奠定了基礎，發展成精密的科學。在此順便一提，巴斯卡也十分熱愛研究賭博呢！

到了今天，機率論和它的姊妹學——統計學，以成為生活中不可缺的一部分。甚至連經濟學、社會科學、製造業、政治學、心理學、生物學或保險業等範疇，都有它們的足跡；在人們不注意的當口，早已住進機率的世界。

在商業行為中，一想到「要怎麼做，勝算比較大？」的時候，這種機率或統計上的觀察與體驗，就成為打勝仗最有利的武器。

數學筆記

研究的契機 有一天巴斯卡在路上，被碰到的貴族質詢有關西洋骰子的賭金一事，他雖然無法立刻作答，後來卻和友人數學家費馬合作，奠定機率論的基礎。

機率起源自賭博

「做某種測試時，假設出現的情形有N個；而這N個情形建立在相同的基礎上。在這N個情形中，假設R個是目前問題的事實和現象時，機率就可定義為：$\frac{R}{N}$」
如此簡單明瞭的定義，直到今天還廣為人們採用呢！
拉普拉斯
（Laplace,1749～1827）

擲6次必定會出現1次嗎？

機率基本原理為大數法則——小心不要用錯

這次不發生，下次就發生？

在職棒轉播比賽中，經常會聽到轉播員說：「某某打者今天前3次打擊都不理想，因他的打擊率為3成，接下來應該會擊出安打……」

類似說法還有：「擲了5次骰子，都沒有出現1；但出現1的機率為1/6，所以，下次出現1的機率很高！」

其實，這些都是針對機率所做的錯誤解釋。機率畢竟不能針對個別的現象做解釋，而必須多次試驗，再全盤考量這些現象出現的機率。所以，「機率」並不是指下次會發生什麼事。

這個機率的觀念，要確定謹記在心。所謂的3成打擊率是，即使經過多少次不理想的打擊，下一次擊出安打的機率只有3成；而骰子下一次出現1的機率只有1/6。以棒球而言，到了第4次打擊，已經摸熟投手的球路，擊出安打的機率應該會高一些。這就是與機率無關的其他因素。

「機率1」的大數法則

在此順便一提，擲骰子時出現1的機率一事，乃拉普拉斯從機率的如下定義所發現。

骰子的數字有6個，如果骰子本身為方方正正之立方體，這6個數字的出現機率是一樣的；所以出現1的機率，也是6種情況之一，即1/6。

我們可以透過實驗，證明這個定義。這時要注意，不能只丟十幾、二十次，一定要反覆丟數百、數千次，才能發現每個數字出現的機率都接近。

這種性質稱為機率的「大數法則」，表示機率本質上的特性。

在此特別提醒讀者，反覆多次丟擲骰子，才能找出真正的機率。「出現1的機率為1/6」——這並不保證丟了6次骰子，一定會出現1次1。

數學筆記

數學機率和統計機率　不做實驗而由理論決定的機率稱為數學機率；反之，經過多次實驗獲得的機率稱為統計機率。當後者的數值接近前者時，稱為「大數法則」。

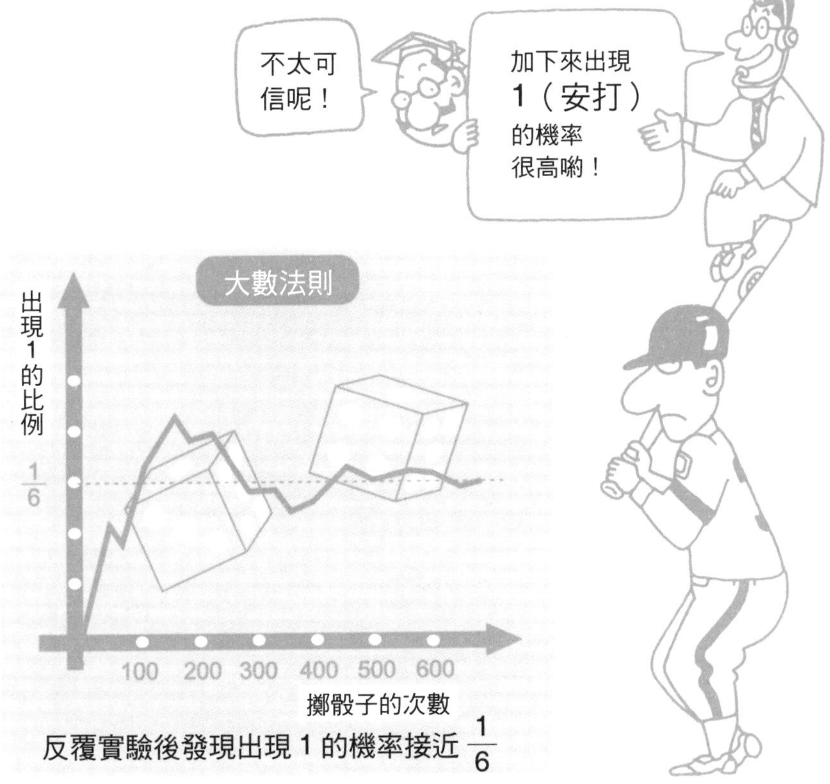

反覆實驗後發現出現1的機率接近$\frac{1}{6}$

排列與組合的觀念

在機率中，計算各種情況的數量成為基數

在這一節，要準備計算機率的「工具」。

想以機率表示現象時，要考慮整體處於哪些情況，以及問題所在是其中的哪一個情況。

當各種情況發生的可能性一樣時，拉普拉斯用這些情況的數量為機率下定義。所以，在機率中，情況的數量稱為「基數」。計算這些情況的「工具」，就是排列與組合。

排列

首先說明「排列」。

排列如其名所示，即計算排列方式有幾種。

假設有A、B、C三人，試問其排列方式有幾種？因為三人都可以當頭，所以按照A、B、C的順序排起。決定第一個人之後，再由其他二人選出一位排在下一個，剩下的那個排在最後。

如此一來，在這三人的排列方式中，A、B、C各首位時有3種排列方式，各當第2位時有2種。當首位和第2位決定時，第3位也是確定的！為明瞭起見，可以參考左圖的具體實例；所以，總數共有6種。

如果是由6個人之中選出3個人做排列，總數為：

$$6 \times 5 \times 4 = 120\text{（種）}$$

這如同在n個人中，選出r個人做排列，總數很快就可以算出來。

組合

緊接著說明「組合」。

在排列中，ABC和BCA的排列不同，但構成這兩種排列的成員相同。像這樣，成員相同而不加以區別的數列，稱為組合。例如，A、B、C、D、E五人中，選出三人的組合共有10組。

當然，排列和組合有關。從n個人中選出r個人排列的方法，就是先由n人中挑出r人，再讓r人排列，故左圖的等式成立。

數學筆記

達蘭貝爾的錯誤　法國著名的數家達蘭貝爾認為（Jean Le Rond d'Alembert, 1717～1783）丟 2 次硬幣時，會出現以下 3 種結果：① 2 次都是正面② 1 次正面 1 次反面③ 2 次都是反面；事實上，②有 2 種結果。

排　列

●3 個人的排列方法●

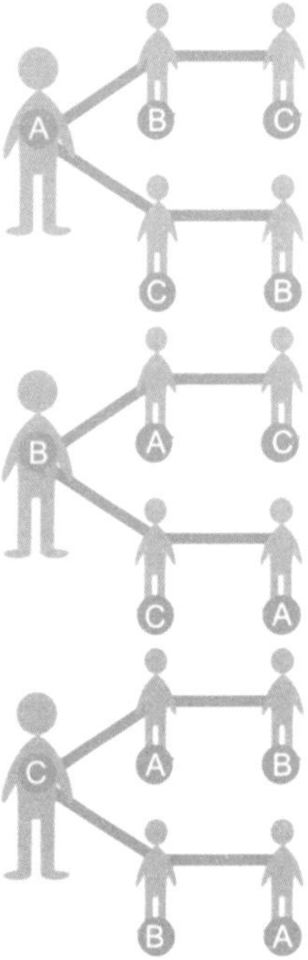

●從 n 個人選出 r 個人的排列方法●

$P^n_r = n \times (n-1) \times \cdots \times (n-r+1)$（種）

$= \dfrac{n \times (n-1) \times \cdots \times (n-r+1) \times (n-r) \times \cdots \times 2 \times 1}{(n-r) \times \cdots\cdots \times 2 \times 1}$

$= \dfrac{n!}{(n-r)!}$

$a! = 1 \times 2 \times 3 \times \cdots \times a$

這稱為 a 的階乘；使用這種階乘後，題目就變得很簡單。

組　合

●從 5 個人選出 3 個人的方法●

假設這 5 人分別為 A，B，C，D，E：

那  和  是一樣的！

ABC, ABD, ABE, ACD, ACE
ADE, BCD, BCE, BDE, CDE

●從 n 個人選出 r 個人的方法●

$\dfrac{n \times (n-1) \times (n-2) \times \cdots\cdots \times (n-r+1)}{r \times (r-1) \times (r-2) \times \cdots\cdots \times 2 \times 1}$（種）

寫成 C^n_r。

排列與組合的關係

因為：

$P^n_r = C^n_r \cdot P^r_r = C^n_r \cdot r!$

所以：$C^n_r = \dfrac{P^n_r}{r!} = \dfrac{n!}{(n-r)!\,r!}$

亂槍打鳥也會中？

「至少……」等機率問題，可運用餘事件解釋

掌握更準確的機率

每年一到了考季，不只是學生，連家長都覺得十分不安。每個人個性不同，有人自信滿滿、謹慎細心，有人懦弱畏怯、粗心大意。

就好像有些人面對聯考，很清楚自己想讀的科系，下定決心就要上某一所大學，除此之外都不要；但也有人為安全起見，會多報幾所大學以免名落孫山。

說了這麼多，其實要表達的重點只有一個，那就是要如何做才能安全上壘？亦即，要告訴讀者如何確定更準確的機率？

預料之中或之外

若單純由結果來看，當然多考幾所大學是最保險的方法。這就是所謂的「亂槍打鳥也會中吧！」

這種結果似乎言之成理，但是站在機率的觀點仔細想一想，它的效果其實超出我們預料之外。

倍率或偏差值

例如，從倍率或偏差值等觀點來看，這五所大學的錄取率分別為0.3、0.4、0.5、0.6、0.6。

這時，「至少」考上一所大學的機率是多少呢？

首先，算出每一所大學的未錄取（稱為餘事件〔事實與現象〕）機率（1－未錄取率），分別為0.7、0.6、0.5、0.4、0.4；那麼，全部大學未錄取的機率為：

$$0.7 \times 0.6 \times 0.5 \times 0.4 \times 0.4 = 0.0336$$

所以，「至少」會考上一所大學的機率是：

$$1 - 0.0336 = 0.9664$$

答案幾乎是1，覺得不可思議吧！不過這卻是千真萬確的事。

在我們的生活中，也經常如上所述，碰到「至少……」、「最起碼……」之類的狀況。

數學筆記 至少…… 噴射機的結構是，只要數組引擎中有一組發揮作用，即可繼續操作，所以，基本上是很安全的。

●何謂餘事件●

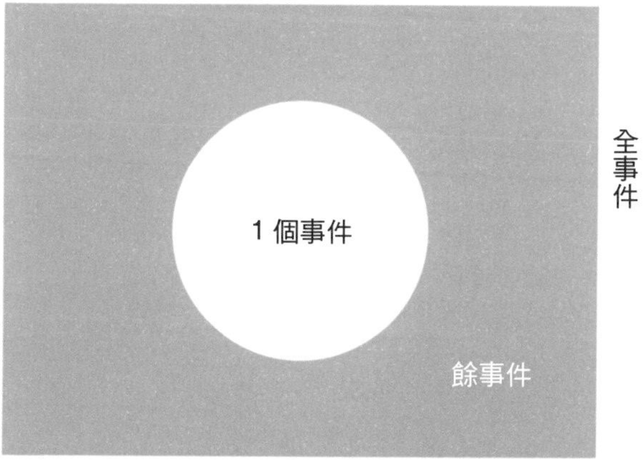
1 個事件
全事件
餘事件

考慮 1 種事（件事與現象）時，其他剩餘的可能的事件稱為餘事件。

此事件的機率＝ 1－ 餘事件的機率

「至少……」等機率問題，
用餘事件來解釋就容易多了

例 題

從含有 4 支中籤的 20 支籤中抽出 2 支時，至少會中 1 支籤的機率是多少？

事件：至少會中 1 支
餘事件：2 支都沒中

●從 20 支籤抽出 2 支的組合數為 C_2^{20}

●從 16 支沒中的籤抽出 2 支的組合數為 C_2^{16}

那至少會抽中 1 支的機率為 $= 1 - \dfrac{C_2^{16}}{C_2^{20}} = 1 - \dfrac{120}{190} = \dfrac{7}{19}$

不太可靠的直覺

在40人的班級中，生日相同者的機率為89%

直覺與計算

當我們針對某個問題尋找機率時，經常出現憑直覺判斷的答案，和確實計算過的機率差距太大的現象；由此可知，機率論的意義果然十分重要呢！

而最能突顯這個事實的問題就是「生日問題」。

假設一班有40個人，試問是否有生日相同者？其機率有多少呢？

至少有兩人生日相同？

從另一個層面來看，這個問題也是問：是否至少有二人生日相同呢？根據範例先找出「餘事件」的部分，亦即生日完全和別人不一樣的人。為簡化問題，如生日是2月29日的人，就不必考慮了。

然後再由人數較少的時候算起。首先以二個人（a,b）為例，排除a的生日之後，b的生日有三六四天的選擇；亦即二個人生日不同的機率為：

$$\frac{364}{365}$$

如果是三個人（a,b,c）呢？當c的生日不同於a和b時，他有三六三天的選擇，即機率為：

$$\frac{363}{365}$$

因為三個人的生日彼此都沒有關係，故三個人生日不同的機率為：

$$\frac{364}{365} \times \frac{363}{365}$$

到這裡如果了解的話，一班40個人的問題也就容易多了。

而且，「至少有二人生日相同」這句話的意思等於「所有人生日都不同」的餘事件，所以，只要用1減去這個機率，即可找出想要的機率。

實際計算後，會發現此機率高達89％；這讓一開始覺得不可能有人生日相同的人著實大吃一驚！所以，類似的賭局一開始猜「有」的話，勝算比較大呢！

下次搭遊覽車出遊時，不妨在車上出這題考考眾人的智商，相信會帶來一些樂趣。

數學筆記　**機率的基本用語**　**試驗**：如同丟硬幣一樣，在同樣的狀態和條件下反覆實驗。**事件**：根據試驗結果引發的現象。

■有同樣生日的人嗎？■

生日不同的機率

2 人生日不同的機率 $=\frac{364}{365}$

3 人生日不同的機率 $=\frac{364}{365}\times\frac{363}{365}$

4 人生日不同的機率 $=\frac{364}{365}\times\frac{363}{365}\times\frac{362}{365}$

⋮

⋮

那 n 人生日不同的機率

$=\frac{364}{365}\times\frac{363}{365}\times\frac{362}{365}\times\cdots\times\frac{365-n+1}{365}$

這就是餘事件

至少 2 人生日相同的機率

假設 $P_n=$ n 個人中，至少 2 人生日相同的機率，

$P_1=1-\frac{364}{365}$

$P_2=1-\frac{364}{365}\times\frac{363}{365}$

⋮

$P_n=1-\frac{364}{365}\times\frac{363}{365}\times\cdots\times\frac{365-n+1}{365}$

這就是事件

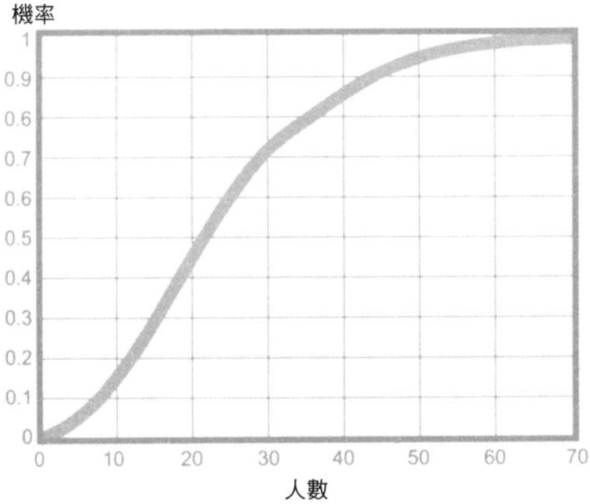

n 人	至少 2 人生日相同的機率
10	0.117
20	0.411
23	0.507
30	0.706
40	0.891
50	0.970
60	0.994
70	0.999

※有 23 個人時機率約五成

先抽先贏？

畫成機率的樹形圖，一清二楚

順序先後影響機率？

在日本的商店街，很流行歲末年初推出抽籤中獎活動；當有人抽中特獎時，店家會鳴鈴道賀，並貼出中獎名單。所以，很多人都覺得應該先去抽籤，抽中特獎的機會比較大。當然也有人認為，別人抽剩下的籤才容易抽中，喜歡慢點抽。

究竟，抽籤的先後順序會不會影響中獎的機率？

機率的樹形圖

舉例來說，籤筒內有10支籤，其中只有3支會中。假設A先抽，B後抽；那麼，兩人的中獎機率各是多少呢？

由題目可知，A中獎的機率為$\frac{3}{10}$；而B的機率要依A是否抽中的狀況決定。

這時可如左圖，畫出機率的樹狀圖就一清二楚了。結果可知，B抽中的機率也是$\frac{3}{10}$。

請放心，由A中獎的機率和B抽中的機率都為$\frac{3}{10}$的結果知道，所謂「先抽先贏」的觀念並不正確。一般來說，不管情況如何，這個結果均可成立。

悲觀與樂觀的想法

但要注意的是，計算中獎機率是站在平等的基礎看所有的籤支。如果有幾個人抽籤後再考慮機率的話，這個機率會與一開始的機率不同。以前面的例子來看，若題目設定A會抽中，那B的中獎機率變成$\frac{2}{9}$，機率小於A。反之，題目設定A不會抽中，那B的中獎機率變成$\frac{1}{3}$，機率大於A。

正因為如此，悲觀主義者老是想到前一種情況，覺得後抽比較不利；樂觀主義者則想到後一種情況，反而覺得後抽比較有利。

數學筆記

計算上是這樣…… 有關人類行為的機率與心理因素有極大的關係，所以，不能使類似擲骰子或抽籤的計算方法。

■畫出機率的樹狀圖■

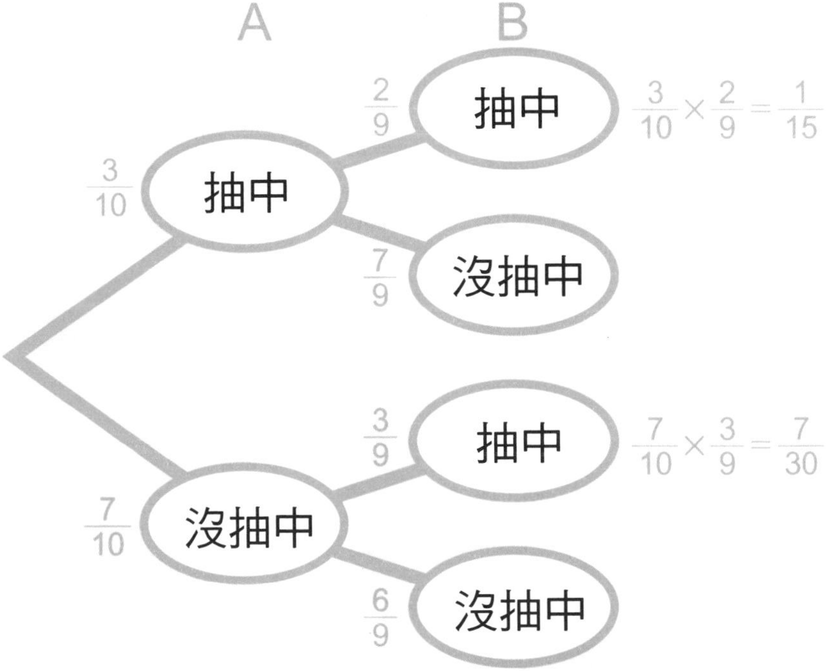

1 當 A 抽中時：

剩下的 9 支籤，只有 2 支有中；
此時 B 抽中的機率為：

$$\frac{3}{10}\times\frac{2}{9}=\frac{1}{15}$$

A 抽中的機率　剩下的 9 支籤中，B 抽中的機率。

2 當 A 沒抽中時：

剩下的 9 支籤，還有 3 支有中；
此時 B 抽中的機率為：

$$\frac{7}{10}\times\frac{3}{9}=\frac{7}{30}$$

A 沒抽中的機率　剩下的 9 支籤中，B 抽中的機率。

❶和❷的情況不會同時發生，
因為❶和❷為排反事件，故 B 抽中的機率為：

$$\frac{1}{15}+\frac{7}{30}=\frac{3}{10}$$

紅球與白球的機率

製作圖表，一清二楚

各種問題的機率

在計算機率時，經常會遇到球的問題。這並不是我們平日常有的球類問題，而是因為類似的問題很多，把它們轉為球的問題，比較容易了解。

以下試舉例加以說明。

在箱子中放入4個白球和3個紅球。隨便從箱子中取出1個球，再放回去，然後再取出1個。

這時可以算出各種問題的機率；例如：

⑴二次都是白球

⑵二次都是紅球

⑶第一次是白球、第二次是紅球

⑷至少有一次是白球

這時若如左圖所示，將機率以圖表表示會非常清楚。像達蘭貝爾所犯的錯誤（參考101頁），若改成圖表，就不會發生了。

這時的4個白球可以加上編號：W_1、W_2、W_3、W_4；3個紅球則為R_1、R_2、R_3，用圖表表示第一次和第二次取出球的情形。這個圖形看來有點大，不過仔細一看，其實道理很明白。

如果球不放回去

透過這個圖表，各種情形發生的次數一目了然；所有的情形（全事件）次數至⑴至⑷項的情形次數，均可在圖表中找到後，即刻算出它人的機率。

以上的問題都是把第一次取出的球又放回去，如果球不放回去呢？在這個條件下，前面⑴至⑷項的機率有何變化呢？

我們也可以透過圖表發現球有沒有放回去的微妙差異。如果球不放回去，就不會出現 W_1W_1、W_2W_2……之類的組合；所以，球如果沒有放回去，圖表的對角線由W_1W_1到R_3R_3就不會出現了！

此外，如果用撲克牌或骰子取代球，結果也一樣。

數學筆記

獨立事件和從屬事件　有事件A與B，當A發生的機率不受B的影響時，稱為獨立事件；反之，若受到B的影響時，稱為從屬事件。下圖中把球放回去時，稱為獨立事件；若球不放回去，為從屬事件。

■透過圖表各種情形一目了然■

●把球放回去●

W_1W_1	W_1W_2	W_1W_3	W_1W_4	W_1R_1	W_1R_2	W_1R_3
W_2W_1	W_2W_2	W_2W_3	W_2W_4	W_2R_1	W_2R_2	W_2R_3
W_3W_1	W3W_2	W_3W_3	W_3W_4	W_3R_1	W_3R_2	W_3R_3
W_4W_1	W_4W_2	W_4W_3	W_4W_4	W_4R_1	W_4R_2	W_4R_3
R_1W_1	R_1W_2	R_1W_3	R_1W_4	R_1R_1	R_1R_2	R_1R_3
R_2W_1	R_2W_2	R_2W_3	R_2W_4	R_2R_1	R_2R_2	R_2R_3
R_3W_1	R_3W_2	R_3W_3	R_3W_4	R_3R_1	R_3R_2	R_3R_3

全事件的數：$7 \times 7 = 49$

	情形的數	機率
1	$4\times4=16$	$\frac{16}{49}$
2	$3\times3=9$	$\frac{9}{49}$
3	$4\times3=12$	$\frac{12}{49}$
4	$49-9=40$	$\frac{40}{49}$

機率為 (1) $\frac{16}{49}$ (2) $\frac{9}{49}$ (3) $\frac{12}{49}$ (4) $\frac{40}{49}$

(1)二次都是白球
(2)二次都是紅球
(3)第一次是白球、第二次是紅球
(4)至少有一次是白球

●不把球放回去●

W_1W_1	W_1W_2	W_1W_3	W_1W_4	W_1R_1	W_1R_2	W_1R_3
W_2W_1	**W_2W_2**	W_2W_3	W_2W_4	W_2R_1	W_2R_2	W_2R_3
W_3W_1	W3W_2	**W_3W_3**	W_3W_4	W_3R_1	W_3R_2	W_3R_3
W_4W_1	W_4W_2	W_4W_3	**W_4W_4**	W_4R_1	W_4R_2	W_4R_3
R_1W_1	R_1W_2	R_1W_3	R_1W_4	**R_1R_1**	R_1R_2	R_1R_3
R_2W_1	R_2W_2	R_2W_3	R_2W_4	R_2R_1	**R_2R_2**	R_2R_3
R_3W_1	R_3W_2	R_3W_3	R_3W_4	R_3R_1	R_3R_2	**R_3R_3**

扣除所有的對角線部分：

全事件的數：$7 \times 7 - 7 = 42$

	情形的數	機率
1	$4\times4-4=12$	$\frac{12}{42}$
2	$3\times3-3=6$	$\frac{6}{42}$
3	$4\times3=12$（和球放回去時一樣）	$\frac{12}{42}$
4	$7\times7-3\times3-4=36$	$\frac{36}{42}$

贏錢或輸錢的平均

運用期望值評估賭博，結果發現都是賠

期望值與風險

每個人在抽籤或賭博下注時，都希望何種情況是有利或比較不利；企業也一樣，當業者被迫面臨各種抉擇時，如果了解每一種選擇的風險有多高，比較容易下決定。

而能滿足這種要求的正是——期望值。

期望值就是採行各種策略時，以數量所表示平均之後的獲利或損失；例如，保險的原理也是基於期望值的考量。

接下來，將以更具體的例子加以說明。

在箱子內放入2個白球、3個紅球和5個黑球。遊戲規則是，取出白球得300元，取出紅球得100元，但若取出黑球要罰200元。試問，這個賭注是贏錢還是賠錢？

像這種問題經過以下的計算，便可找出答案——利益的平均。

亦即，把所有情況算出的機率，與當時獲得之金額相乘，再全部相加即可：

$$\frac{2}{10}\times 300+\frac{3}{10}\times 100+\frac{5}{10}\times(-200)=-10$$

平均之後，它的答案是−10元。

賭博的期望值為負

其實不論賭博或抽籤，從期望值的觀點來看，最終結果都是賠錢；不過，若僅限於買個夢想或樂趣，偶爾嘗試一下也無妨！

在此有關期望值要注意的是，即使已經全盤注意到機率論，期望值還是無法解釋成「一次試驗後理所當然獲得的利益」，而應該是「反覆多次相同試驗後所得的平均利益」。

遺憾的是，即使「計算過期望值覺得會贏，而賭上全部財產，結果卻與期望值相反，而失去全部」——像這樣的情形究竟何是何非，至今仍然無解！

數學筆記

保險的原理也是基於期望值　成為保費計算基礎的平均壽命，為此人今後生存年限的期望值。火險的架構比較複雜，但基本的原理都一樣。

■骰子遊戲的期望值■

遊戲規則

首先定出「大」和「小」。當3個骰子的數目合計在10以下為小；11以上為大。然後擲出3個骰子，若中了「大」或「小」，即可獲得此數的獎品。

為算出期望值，將獎品轉換為獎金，再列出表格。

數目合計	3	4	5	6	7	8	9	10	11	12	13	14	15	16	17	18
獎品價值（萬）	100	50	30	20	10	5	3	2	2	3	5	10	20	30	50	100
場合數	1	3	6	10	15	21	25	27	27	25	21	15	10	6	3	1

這時的場合數共計：$6 \times 6 \times 6 = 216$
因為「大」或「小」的機率都是 $\frac{1}{2}$，
必須以 $2 \times 216 = 432$ 除以各場合數，
才能算出機率。

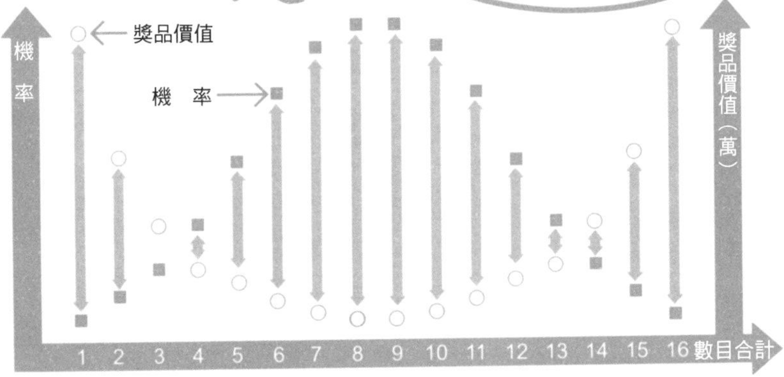

期望值：⬍ 相乘再加總

$$= \frac{1}{432} \times 100 + \frac{3}{432} \times 50 + \frac{6}{432} \times 30 \times \frac{10}{432} \times 20 + \frac{15}{432} \times 10 + \cdots\cdots + \frac{1}{432} \times 100 \fallingdotseq 4.7$$

平均的期望值為 47000 元

亂數具有的深刻意義

亂數無所不在

將0到9的數字隨便排列，稱為亂數。職棒有某一個時期，在電池間的訊號指示交換，使用了「亂數表」來表示。

亂數的應用範圍十分廣泛，例如，正20面體的骰子、電子管的雜音、電腦等等。

近年來由於電腦技術的長足進步，龐雜的問題也可以透過使用亂數的蒙地卡羅模擬實驗（Monte Carlo simulation，研究原子核分裂熱運動等）的方法加以解決。

蒙地卡羅，如眾所知，是摩納哥舉世聞名的賭城。第二次世界大戰中，參與研究原子彈之洛斯．阿拉莫斯（Los Alamos）計畫的物理學家，因無法解決中子移動問題而困擾不已。後來，以馮諾曼為主的數學家，用賭場的輪盤代替這個問題的癥結點，成功找出相近的解答。故馮諾曼將此方法命名為「蒙地卡羅模擬實驗」；後來還運用到軍事方面的作戰計劃策略（OR）等等範圍。

其實不只是自然科學，即使是經濟問題或社會問題，也可以透過各種實驗加以分析。這些實驗中最典型的方法，可說就是這個蒙地卡羅模擬實驗。若簡單解釋這個實驗就是，必須經過許多實驗，引出結論，才能說明發生了什麼事。

在實驗當時，如果出現太特別的狀況，結果或許有異於原來的樣子。所以，為了儘可能驗證一般的場合，必須使用亂數。

除此之外，亂數還用於其他地方；例如，使用密碼時，把字母加以數值化，加入亂數即可進一步傳達訊息。

像電視的收視率調查，就是調查一部分的人，再推測到全體民眾的方法，稱為「樣本調查」。不過，如果調查一些太特殊的人，將無法反應全體的情況；所以，如何選擇調查對象為一大重點，這時可以使用亂數表隨機抽出樣本。

數學筆記 馮諾曼（1903～1957） 發現今日電腦的原型——程式內藏方式；又如前面所示，發現「賽局理論」與量子力學的數學基礎。

根據亂數表抽取樣本（抽樣）

(1)汽車駕照筆試的選擇題
(2)珠算檢定測驗的選擇題
(3)大量生產的抽樣檢查
(4)輿論調查的調查對象
(5)商品的市場調查
(6)野生動物的存活數量調查
(7)空氣、河川的公害或污染的調查

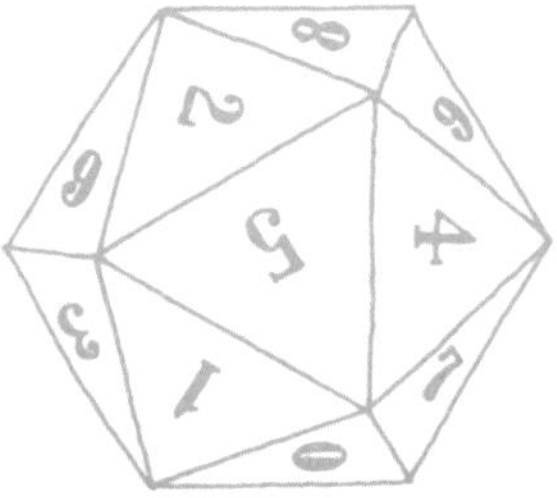

亂數骰子（正20面體）
每2面都出現了
0到9的數字

蒙地卡羅模擬實驗

統計的比較

平均數與標準差

做各種統計時，如果只是漠然地取用這些資料，恐怕無法窺得全貌。所以，我們需要一個可以分析資料，在數量上確實掌握的方法（即所謂的「統計推論」）。

首先，應該最先提出的是平均值。平均值常用來表現身高或體重的平均、測驗的平均、平均溫度等等，乃常用以表示全部資料特徵的指標之一。

就將資料加上特徵的量而言，有常和平均值合併使用的標準差；而標準差可表示資料零散的狀態。

例如，參考左頁二個測驗結果的座標圖。兩者的平均分數都是50分；相對於A圖的分數分佈比較接近平均值，B圖的分數分佈比較零散。像這樣計算這二份資料的標準差後。可知B的標準差大於A。

順帶一提，像A這種左右對稱的吊鐘型圖表分佈，稱為「常態分佈」，大量的資料彙集時，最容易出現這種分佈圖。

再者，對考生而言，特別介意的當然的「偏差值」；其實說是考生在意，倒不如說是家長關心。不過在另一方面，把人類以數量分出等級的偏差值，被批評為喪失人性特質的邪惡來源。

的確，偏差值確實有過於偏頗之嫌。即使想從現在起努力，一旦被宣告「你的程度就是這樣，我已經很客觀了！」反而使人失去振奮之心。

但是，如果能以另一個角度省視這種偏差值，它也可能成為人們的好朋友；前提是要理解偏差值的思考模式。

以測驗為例，所謂的偏差值，就是「將測驗的分數修正為標準的分數」。其修正方法為，先以50分為平均分數，表示零散的標準差為10分；這種方法是自然的修正法。

數學筆記

常態分佈　人類的身高、出現適當難度問題的測驗成績、每一年的降雨量等等，許多的自然現象或社會現象，以常態分佈時都呈類似狀態。

●平均值●

$$\bar{x}=\frac{x_1+x_2+\cdots\cdots+x_n}{n}$$

n：全體的數量

x_1，x_2 …… x_n：各數量

●表示資料零散狀態的標準差●

$$S=\sqrt{\frac{(x_1-\bar{x})^2+(x_2-\bar{x})^2+\cdots+(x_n-\bar{x})^2}{n}}$$

$\bar{X}$：平均值

■比較二種資料的標準差■

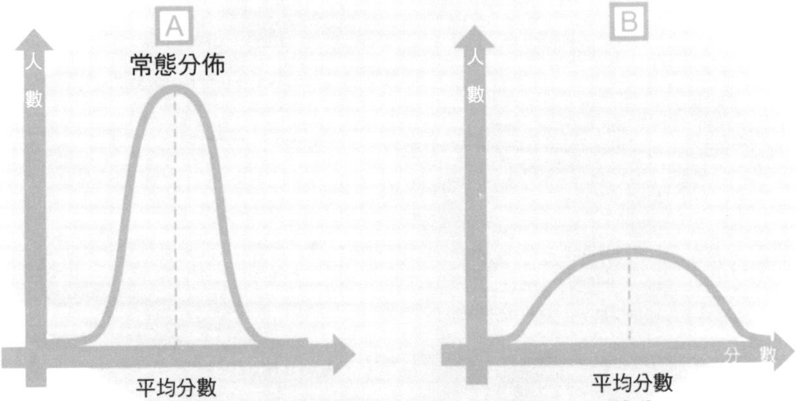

A 的標準差＜B 的標準差

●偏差值●

以 50 分為平均分數，將標準差修正為 10 分。

$$偏差值=\frac{得分-平均分數}{標準偏差}\times 10+50$$

將平均分數調整為 50 分（+50）

將標準差修正為 10 分（$\frac{得分-平均分數}{標準偏差}\times 10$）

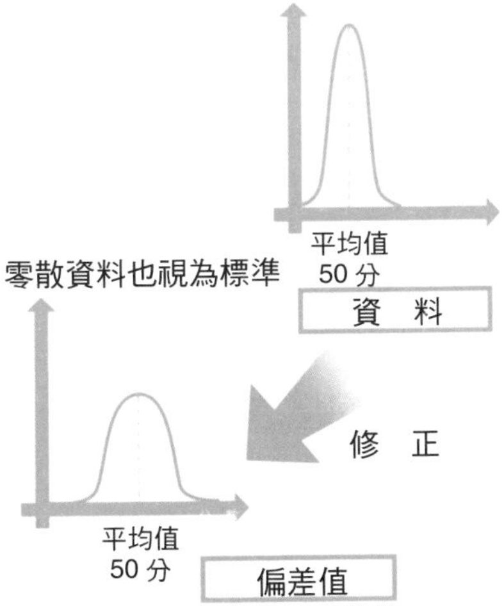

COLUMN

不了解機率連命都沒了

在一所監獄裡貼出以下的公告：

「現在，所有的犯人可以分到2個盒子、5個白球和5個黑球。可依自己的喜好，把所有的球放入這二個盒子中，前提是每一個盒子至少都要放一個球。接下來矇住眼睛，先選一個盒子，再從這個盒子取出一個球；如果是白球可以獲釋，若是黑球就要處死。」

如果你是犯人，要如何把球分配到盒子裡呢？

如果盒子A只放入白球，從A取出白球的機率最大；當然也希望從B取出白球的機率盡量高一些。所以，只要在A盒放入1個白球，B盒放入4個白球和5個黑球，取出白球的機率最高。

正確說來，只要利用機率的樹形圖實際計算，即可一目了然，其計算結果如下表所示。所以，不了解機率，搞不好連命都沒了。

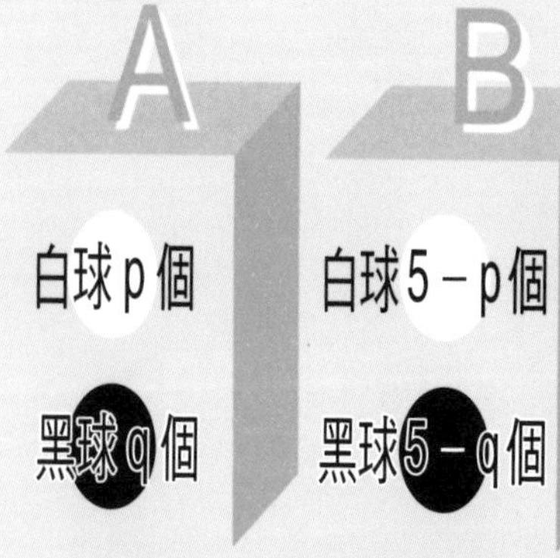

挑選盒子的機率各為 $\frac{1}{2}$

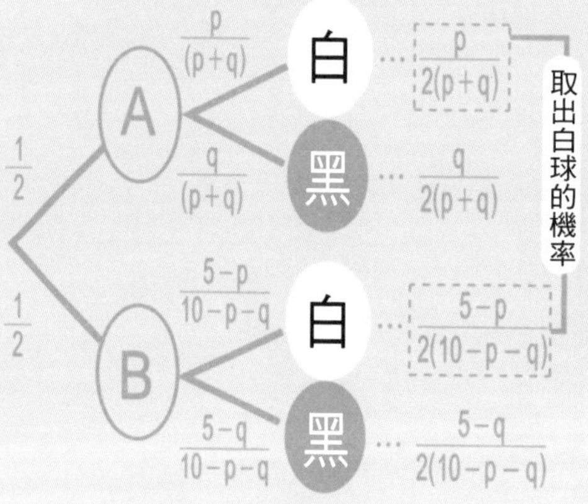

$0 \leqq p \leqq 5$、$0 \leqq q \leqq 5$、$1 \leqq p+q \leqq 9$

p \ q	0	1	2	3	4	5
0	*	$\frac{5}{18}$	$\frac{5}{16}$	$\frac{5}{14}$	$\frac{5}{12}$	$\frac{1}{2}$
1	$\frac{13}{18}$	$\frac{1}{2}$	$\frac{19}{42}$	$\frac{11}{24}$	$\frac{1}{2}$	$\frac{7}{12}$
2	$\frac{11}{16}$	$\frac{23}{42}$	$\frac{1}{2}$	$\frac{1}{2}$	$\frac{13}{24}$	$\frac{9}{14}$
3	$\frac{9}{14}$	$\frac{13}{24}$	$\frac{1}{2}$	$\frac{1}{2}$	$\frac{23}{42}$	$\frac{11}{16}$
4	$\frac{7}{12}$	$\frac{1}{2}$	$\frac{11}{24}$	$\frac{19}{42}$	$\frac{1}{2}$	$\frac{13}{18}$
5	$\frac{1}{2}$	$\frac{5}{12}$	$\frac{5}{14}$	$\frac{5}{16}$	$\frac{5}{18}$	*

第 7 章

生活中的數學

指數・對數和數列的故事

天文學的數字計算

從微小世界到極大世界，都是指數函數的範圍

$y=2^x$
指數性質
$a^3\times a^2=(a\times a\times a)\times(a\times a)$
$=a^{3+2}=a^5$
不要寫成 $a^{3\times 2}$ 喲!!
而 $a^3\div a^2=\frac{a\times a\times a}{a\times a}=a^{3-2}=a$
$a^2\div a^3=\frac{a\times a}{a\times a\times a}=\frac{1}{a}$
再用 a^{-1} 代表，算起來更方便!!
所以，$(a^3)^2=a^3\times a^3=a^{3\times 2}=a^6$
$a^{-m}=\frac{1}{a^m}$　$a^{\frac{1}{2}}=\sqrt{a}$、$a^{\frac{1}{3}}=\sqrt[3]{a}$
$a^{\frac{n}{m}}=\sqrt[m]{a^n}$（$a^n$ 的 m 次方根）
極速激增！！

x	…	…	−2	−1	0	1	2	3	4	5	…	…
y	…	…	$\frac{1}{4}$	$\frac{1}{2}$	1	2	4	8	16	32	…	…

從極大到極小

美國華盛頓州的航空宇宙博物館，會定期放映《powers of ten》，這是一部內容十分有趣的科學短片。

powers of ten 直譯為「10的乘方」，從坐在公園草地上的人群開始，鏡頭各以每秒10的乘方從地上拉開序幕。接下來人的身影越來越小，出現了整個城鎮風貌，宛如太空照片一般，鏡頭的範圍越來越大，不久就看到了地球全貌、行星和銀河系。這一切彷彿以每秒10的乘方這種驚人的速度，搭上太空梭所做的觀測。

緊接著再由公園裡的人開始。這次是將鏡頭靠近人體，各以每秒10的乘方分之一的微小部分加以放大。首先觀察人的皮膚、細胞，再轉為原子或原子核。這一切宛如電影「微小世界的致命圈」的鏡頭重現一般。

這部電影中，畫面上的尺寸，一開始是

數學筆記

位元（bit）　電腦常會用「8 位元」這類的術語。這裡的「位元」是指二進位數，「8 位元」就是電腦處理能力為 2^8，亦即為 256，表示一次可處理 256 筆資料。

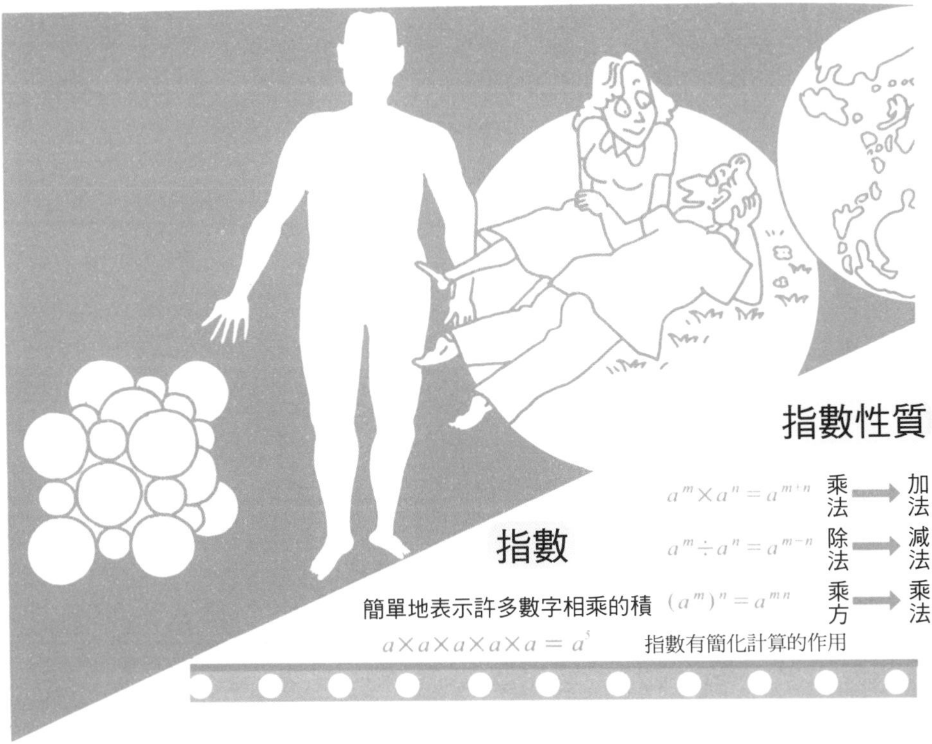

十倍、一百倍、一千倍；後來就變成十分之一、一百分之一、一千分之一……。

這種寫法是每隔一秒就加上一個0，所以如果是一百秒之後，後面就會多出一百個0。寫起來實在麻煩！

電影的主題「乘方觀念」，就是想要表現的重點。即在1之後有一百個0的數字，就等於把10自乘一百次，可以寫成10^{100}。

一般都把a乘上n次的數：$a \times a \times a \times \cdots\cdots \times a$寫作$a^n$，讀成$a$的n次方。

例如，$a \times a = a^2$，讀成a的2次方；$a \times a \times a = a^3$，讀成$a$的3次方。這些通稱為$a$的乘方，而位在$a$右上方的數字，如2、3稱為指數。

這種指數不限於正整數，即使是負整數、有理數，甚至是一般的實數也可以；所以，$y = a^x$中，因x為函數，所以被稱為「指數函數」。

天才數學家高斯的計算

等差數列和的超快速算法

●高斯的算法●

$$S = 1 + 2 + 3 + \cdots\cdots + 98 + 99 + 100$$
$$+)\,S = 100 + 99 + 98 + \cdots\cdots + 3 + 2 + 1$$
$$2S = 101 + 101 + 101 + \cdots\cdots + 101 + 101 + 101$$

故 101 一共有 100 個：

$$2S = 101 \times 100 = 10100$$

$$\therefore S = \frac{10100}{2} = 5050$$

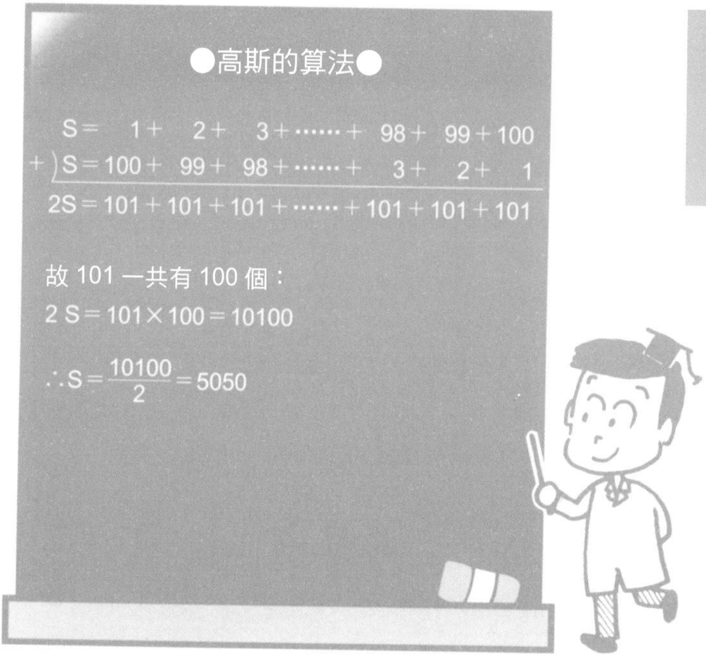

1加到100

數學界有許多天才，高斯正是其中之一；尤其他的智能發育極早，更使他成為數學史上的翹楚。

有一件軼事發生在高斯小學時。他的數學老師在黑板上出了從1加到100的題目，希望同學自習時思考如何作答。沒想到高斯一下子就算出正確答案，令老師大吃一驚！

高斯這個讓老師瞠目結舌的答案，究竟是怎樣算出的呢？

數列觀念

答案就是「數列的觀念」！即利用從1加到100的數列和式子，以及反過來從100加到1的數列和式子。

看看上圖的解答就會清楚地發現，上下並列的二個式子之數字和，加起來都是101，且一共是100個。所以，把101乘以100，別忘了

數學筆記

天才高斯　有關高斯的軼事很多，十分早熟為其中之一；據說他的父親算薪水給夥計時，在一旁3歲的他就能指出算錯的地方。

■Σ的意義■

$$\sum_{k=1}^{n} k$$

表示把式子中的 k 帶入 1，2，3……n 時，所有數字相加的和。

■等差數列■

a，a＋d，a＋2d，a＋3d，……

首項a　公差d

●使用Σ計算●

$$\sum_{k=1}^{n} k = 1+2+3+\cdots\cdots+n$$

$$\sum_{k=1}^{n} k^2 = 1^2+2^2+3^2+\cdots\cdots+n^2$$

$$\sum_{k=1}^{n} a+(k-1)d = a+(a+d)+(a+2d)+\cdots+(a+(n-1)d)$$

$$\sum_{k=1}^{n} ar^{k-1} = a+ar+ar^2+\cdots\cdots+ar^{n-1}$$

●等差數列的和●

$$S=a+(a+d)+(a+2d)+\cdots\cdots+(a+(n-1)d)$$

$$+)\ S=(a+(n-1)d)+(a+(n-2)d)+\cdots\cdots+a$$

$$2S=(2a+(n-1)d)+(2a+(n-1)d)+\cdots\cdots+(2a+(n-1)d)$$

故 $(2a+(n-1)d)$ 一共有 n 個：

$$2S=(2a+(n-1)d)n$$

$$S=\frac{(2a+(n-1)d)n}{2}$$

$$S=\frac{(首項+末項)n}{2}$$

再除以2（因為式子有二個）。

高斯使用的數列為：1,2,3,4……100。

這是增加的數列；一般都把只增加某個常數d的式子，稱為公差d的等差數列。

等差數列之和

高斯的運算觀念，可以直接用於計算一般的等差數列之和，現在的高中教科書也有使用這種算法。

如果數列之和寫成：

1＋2＋3＋4＋……＋100

雖然簡單，但數字一多卻很麻煩。所以，我們常用Σ（sigma，希臘字母第18個字，相當於羅馬字母S）這個符號來表示，有「總和」之意。

符號如同語言一樣，有時方便卻又不容易弄懂；所以，不必拘泥於它的寫法，多看幾個例子就明白了。

每一天給1粒，經過40天之後…
＝2，第3天給4粒米＝2^2，
的等比數列。
約20萬石
（一石為150公斤）
1000000000000

超乎想像空間的等比數列

多倍數的計算易如反掌

我們經常在報上看到有關「老鼠會」的新聞；這是一種打出「越來越賺錢」的口號，巧言欺騙大眾的缺德行為。但是，如果不弄懂它的詭計，下一個上當的可能就是你。

老鼠會的結構如下（其實有些組織架構更加巧妙呢）：

比方說，每一個人要交10萬元的會費才能成為會員。如果各個會員鼓吹10個人加入的話，1個會員的「子」會員有10人，「孫」會員則有100人……，增加速度十分快速。而且公司規定，孫會員的會費可以有8折優待，所以，100個孫會員就可賺到800萬元。甚至會員表上也宣稱：「如果有人中途退出這個遊戲，其他會員也會受牽連。只要會員盡到義務，加入這個大家庭的人都可以賺到790萬元！」

「乍看之下誰都沒有損失，怎麼說是詐騙的詭計呢？」或許有人會提出這種疑問；而這種人正是容易上當的類型。的確，只要

數學筆記

豐臣秀吉也認輸　某日僧侶利新左衛門向豐臣秀吉要求行償：「第 1 天給 1 粒米、第 2 天給 2 粒、第 3 天給 4 粒……，每天得到的數量為前一天的 2 倍。」結果呢……？

●等比數列●

$a，ar，ar^2，ar^3 \cdots\cdots ar^{n-1}$

首項 a，公比 r

〈等比數列的和〉

計算下面的(1)－(2)之式子，幾乎所有的項目都被刪除了。

$$S = a + ar + \cdots\cdots + ar^{n-1} \qquad \cdots\cdots(1)$$

$$-)\ rS = \qquad ar + \cdots\cdots + ar^{n-1} + ar^n \cdots(2)$$

$$(1-r)S = a(1-r^n) \qquad \cdots\cdots(3)$$

當 $r = 1$ 時，從(1)可知 $S = na$

若 $r \neq 1$ 時，

$$S = \frac{a(1-r^n)}{1-r}$$

重回 數學筆記 的問題：

第 1 天給 1 粒米、第 2 天給 2 粒米

第 4 天＝2^3 ……

亦即，這是一個首項為 1，公比為 2

從第 1 天到第 n 天的和為 S：

$$S = \frac{1(1-2^n)}{1-2} = \frac{1-2^n}{-1} = -(1-2^n) = 2^n - 1$$

若 n ＝ 40 的話，即 $2^{40} - 1$

因為 $2^{10} = 1024 \fallingdotseq 1000 = 10^3$

所以，$2^{40} = (2^{10})4 \fallingdotseq (10^3)^4 = 10^{12}$

因此，結果＝

這個遊戲一直繼續下去，誰都沒有損失。但是，問題出在會員數。如果第1代有10個會員，第2代就變成100人……，都是10倍數地增加。到了第n代，變成10^n個會員。

假設到了第10代，會員變成100億個人。在人與錢都有限的前提下，這個遊戲過不了多久就會遇上瓶頸，接下來走入悲慘的下場。如果你正好是那個退出遊戲的人，那你的損失可大了！

老鼠會總是給人有如遊戲般的無限夢想，其實是不實在的想法。而即使知道人數是有限的，誰都想不到自己會是那個中途退出的人。光是到了第8代，人數已經逼近日本的人口，所以，想從老鼠會中賺錢的想法，真的太天真了！

在老鼠會中，會員的人數為10倍、10倍地增加，但一般呈r倍、r倍……的數列，稱為公比r的「等比數列」。

當r大於1時，會像老鼠會一樣，出現可怕的等比數列！

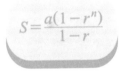

生活周圍的等比數列

銀行存款、貸款利息、音樂音階等，都是等比數列

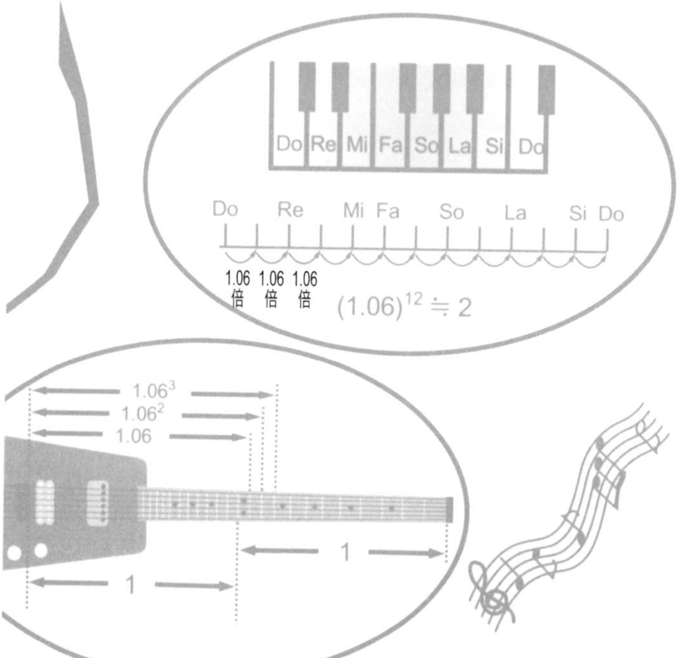

◆音樂方面的等比數列◆

等比數列的例子

在我們生活周遭，俯拾皆是等比數列的例子。

首先要舉出的實例是，銀行存款的計息方法。眾所皆知，利息採複利計算；而複利又依儲存期間的算法，分成半年複利和一年複利。例如，以3％的半年複利和6％的一年複利來看，前者比較有利。

若是借錢的話，則要反過來計算。像以天數計算複利的薪水貸款，借款金額一下子就如滾雪球般越滾越大，所以，要牢記等比數列的總值其實非常可怕。

順便一提的，利用後面敘述的對數表計算複利，十分方便。

再者，等比數列不僅會出現在經濟方面，像音樂之類的感覺世界，也是它悠遊其中的範疇。例如，Do、Re、Mi、Fa、So、La、Si、Do的音階，就是利用了等比數列。

數學筆記

平均律和鋼琴家 一流的鋼琴家演奏時，一定有一位調音師隨行，調出符合平均律的固有音階。

◆經濟方面的等比數列◆

若存 BANK

～將 1000 萬元存 10 年的利息～

3%的半年複利：

$1000\times(1+0.03)^{20}\fallingdotseq 1800$

6%的一年複利：

$1000\times(1+0.06)^{10}\fallingdotseq 1790$

利息多約 10 萬元！

若存 薪水 貸款

～1 萬元 1 天 1 成的複利借 2 個月後～

$1\times(1+0.1)^{60}\fallingdotseq 305$

本金＋利息

約為 305 萬元！！

〈複利計算〉

本利總計＝本金×（1＋利率）^{期數}

平均律音階

鋼琴有白鍵和黑鍵之分；八度音之間由這些音階分成12，亦即半音共有12個。而且，音的振動數至八度音正好是2倍。所以，把2除以12，音階不是以等差而是以「等比」分割。

其分割比為：

$x^{12}=2$

只要依次為x倍，即可算出分割比。可以符合這個式子的x，當然是2的12方根。

這個數字為無理數，約為1.06。亦即，某個音的半音高音為，擁有此音振動數約1.06倍之振動數的音。在此算出的音階，稱為「平均律音階」。

像吉他以指頭壓住的地方，由弦柱所分割；而且，越往上面，其間隔越寬。由於弦的振動數和弦長成反比，弦柱正好位在1.06倍的位置上。

對數世界真有趣

對數和指數正好相反

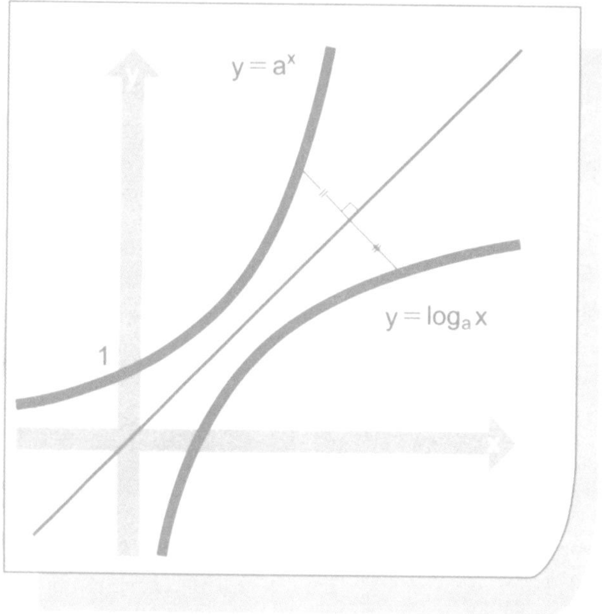

對數與指數正好相反

指數和對數常被相提並論；相信一聽到對數，馬上就有過敏反應的人不少，原因之一可能是對於對數符號log有不良印象吧！

指數和對數何以常被相提並論？比方說，指數的定義為：

$10^3 = 10 \times 10 \times 10 = 100$

這時可以反推：「10要乘以多少，才會變成1000？」

這個問題可以寫作：

$\log_{10} 1000$。

所以，答案是3次方，即：

$\log_{10} 1000 = 3$

由此可知，對數正好是指數表示結果的相反！

即使用1以外的正數a取代10做計算，指數和對數的結果還是一樣；若將x或y當作變數，整個式子就成為函數。不過，在

數學筆記

底的意義 表示一定倍數的倍率值。$log_{10}1000$ 的意思是「以一定的倍率 10 倍變化時，變成 1000 倍時的時間」。如果底改為 $log_{2}1000$ 的話，表示「以一定的倍率 2 倍變化時，變成 1000 倍時的時間」。

■指數與對數密不可分■

$10^1 = 10$	⟺	$\log_{10}10 = 1$
$10^2 = 100$	⟺	$\log_{10}100 = 2$
$10^3 = 1000$	⟺	$\log_{10}1000 = 3$
$10^4 = 10000$	⟺	$\log_{10}10000 = 4$
$10^0 = 1$	⟺	$\log_{10}1 = 0$
$10^{-2} = \frac{1}{100}$	⟺	$\log_{10}\frac{1}{100} = -2$
$10^{-3} = \frac{1}{1000}$	⟺	$\log_{10}\frac{1}{1000} = -3$

$10^x = y$ ⟺ $\log_{10} y = x$

若取代 10 的 $a > 0$ 且 $a \neq 1$，

$a^x = y$ ⟺ $\log_a y = x$

●對數為指數函數的反函數●

$y = a^x$ ⟺ $x = \log_a y$

同值

↕ 互為反函數

$y = \log_a x$ ⟺ $x = a^y$

同值

$x = \log_a y$ 中，y 不像變數，所以，要把 x 與 y 對調，通常都寫成：

$$y = \log_a x$$

為了鄭重起見，可以多練習幾次；這個式子其實和 $x = a^x$ 意思相同，但要注意 x 和 y 哪一個放在前面。

指數函數之反函數為對數函數

一般提到函數時，將函數的 x 和 y 對調，針對 y 所解開的函數，稱為第一個函數的反函數。所有的函數有關 y 的解為無限，所以，反函數的解也是無限的！

那我們現在所討論的指數函數 $y = a^x$ 之反函數，就是 $y = \log_a x$；稱它為以 a 為底的對數函數。

看看右上方的座標圖會發現，指數函數與對數函數在呈45度的直線（即 $x = y$ 直線）上，呈一對稱關係。

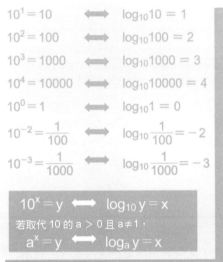

簡化計算

煩人的複利計算，用對數就對了

4	5
0.170	0.212
0.569	0.607
0.934	0.969
.1271	.1303
.1584	.1614
.1875	.1903
.2148	.2175
.2405	.2430
.2648	.2672
.2878	.2900
.3096	.3118
.3304	.3324
.3502	.3522
.3692	.3711
.3874	.3892
.4048	.4065
.4216	.4232
.4378	.4393
.4533	.4548
.4683	.4698
.4829	.4843
.4969	.4983

●將指數法則轉換為對數的世界●

$10^m \times 10^n = 10^{m+n}$ ⟷ $\log_{10} MN = \log_{10} M + \log_{10} N$

$10^m \div 10^n = 10^{m-n}$ ⟷ $\log_{10} = \log_{10} M - \log_{10} N$

$(10^m)^n = 10^{m \times n}$ ⟷ $\log_{10} M^n = n \log_{10} M$

〈證明〉

當 $M = 10^m$，$N = 10^n$ 時，從對數的定義可知：

$$m = \log_{10} M \text{、} n = \log_{10} N$$

所以，$MN = 10^m \times 10^n = 10^{m+n}$

再將它寫成對數的定義後，

$$\log_{10} MN = m + n = \log_{10} M + \log_{10} N$$

●對數的法則●

以 $a > 0$ 且 $a \neq 1$ 為底的對數，

也可以完全相同的法則成立：

$$\log_a MN = \log_a M + \log_a N$$

$$\log_a \frac{M}{N} = \log_a M - \log_a N$$

$$\log_a M^n = n \log_a M$$

把龐大的數字變「小」

如前所示，對數可以簡單解釋為指數的相反；不過，聰明的人不滿於如此單純的解釋，為對數做更多聯想，在各種計算中引發新的革命。

當我們計算天體的軌道時，經常碰上所謂的天文學數字——數字龐大的乘法或乘方，光是看了就令人頭皮發麻。

可是，拜對數發明之賜，如同「對數可延長天文學家之壽命」的比喻一般，這些計算變得比以前簡單多了。

請看下面的式子：

$$\log_{10} 1000000000000 = 12$$

對數就是有能力把如此龐大的數字變成簡單的數字！

至於利用對數的好處，莫過於演算的法則；亦即，一看到對數，馬上想到：

(1) 把乘法變加法

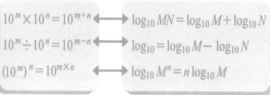

數學筆記 **常用對數** 即底數為 10 的指數，例如 $log_{10}2$ 或 $log_{10}x$ 等等，我們也習慣省略底部的 10。下面的對數表為常用對數值的一覽表。

利用對數表計算複利

利用對數表計算 125 頁的 1.1^{60}。
如果要把 1.1 連乘 60 次，真的很費事；所以，先寫出式子 $x = 1.1^{60}$，再將兩邊換上對數：

$$\log_{10} x = \log_{10} 1.1^{60}$$

根據右頁的對數法則：

$$\log_{10} x = 60\log_{10} 1.1$$

再比照對數表：

$$\log_{10} 1.1 = 0.0414$$

所以，$\log_{10}x = 60 \times 0.0414 = 2.484$
這時的 0.484 對照對數表正好是 3.05；
所以，$\log_{10} x = 2.484 = 2 + 0.484$

$$= \log_{10} 10^2 + \log_{10} 3.05$$
$$= \log_{10} 100 \times 3.05$$
$$= \log_{10} 305$$

再把兩邊的 $\log_{10}$ 去掉，

$$x = 305$$

x 的值

假設 $y = \log_{10} x$

（算到小數第 2 位）

（算到小數第 1 位）

y 的值

數	0	1	2	3
1.0	.0000	.0043	.0086	.0128
1.1	0.414	0.453	0.492	0.531
1.2	0.792	0.828	0.864	0.899
1.3	.1139	.1173	.1206	.1239
1.4	.1461	.1492	.1523	.1553
1.5	.1761	.1790	.1818	.1847
1.6	.2041	.2068	.2095	.2122
1.7	.2304	.2330	.2355	.2380
1.8	.2553	.2577	.2601	2625
1.9	.2788	.2810	[illegible]	2856
2.0	.3010	[illegible]	[illegible]	.3075
2.1	.3222	.3243	.3263	.3284
2.2	.3424	.3444	.3464	.3483
2.3	.3617	.3636	.3655	.3674
2.4	.3802	.3820	.3838	.3856
2.5	.3979	.3997	.4014	.4031
2.6	.4150	.4166	.4183	.4200
2.7	4313	.4330	.4346	.4362
2.8	.4472	.4487	.4502	.4518
2.9	.4624	.4639	.4654	.4669
3.0	.4771	.4786	.4800	.4814
3.1	.4914	.4928	.4942	.4955

(2) 把除法變減法
(3) 把 n 次方變成 n 倍

也就是說，加減計算比乘除計算簡單；而 n 倍也比 n 次方容易計算。

善用對數表

像這樣了解對數之特性後，計算就變得容易多了，這也是考量對數最大的理由呢！

而且只要把指數的性質轉換為對數，即可證明這些法則的真實性。

在對數函數 $y = \log_{10}x$ 中，將 x 變動時的值所做成的表格，稱為「對數表」。

只要利用這個對數表，即使是煩人的複利計算也變得很簡單。你不妨試算125頁的薪水貸款（見上圖）。

再者，利用這種對數的觀念，來計算乘法或除法的用具，稱為「計算尺」。

知覺其實是對數感覺

星星亮度等級、聲音強弱的分貝、地震的震度級數……

星星的等級

夜空中閃爍的星星，早在希臘時代，就被人依照亮度分成1等星、2等星……；其中最亮的星星為1等星，而肉眼隱約可見的星星為6等星，中間則有2等星至5等星之分別。

等至望遠鏡發明後，人們再把比6等星暗的星星，分成7等星、8等星……。

原本星星亮度的等級全憑人類的感覺，並不是十分準確；到了十九世紀，哈希耶發現1等星的亮度約為6等星的100倍，且每往上升一級，高度增為2.5倍。亦即，等級的差距在亮度上是成等比。

而波克松也主張根據這個結果，把星星的等級如下所示，做出新的定義。

兩顆星星的等級與亮度關係如下：

$$0.4 \times（等級差距）= \log_{10}（亮度比）$$

數學
筆記

心理學和數學　現代的心理學，特別是實驗性的心理學論文，比經濟學或管理學等論文，出現更多的數學式子或數字。這似乎是近代的實驗性心理學在 19 世紀之後的傾向。

如果等級差距為 1 的話，$0.4=\log_{10}$（亮度比）

亮度比 $=10^{0.4}=2.51$

由此可知，將星星亮度比的對數當作亮度上的不同（差距），都只是我們實際上感覺。亦即，在人類的感覺中，具有無意識操作對數的機能。

非西納法則

此外，刺激強度和感覺強弱之差異上的關係，即所謂的「非西納法則」。這也是一條能確實表現人類對數感覺的法則。

除此之外，能表現這種對數感覺的例子還有很多；以下試舉例加以說明。

如發生地震後，氣象中心會發佈此次地震的級數大小；所謂的級數就是震央能量的強弱，也是用對數來表示。

至於像電氣通訊或聲音單位的分貝，全都是利用對數下定義。

自然界中的對數和指數

放射物質的半衰期

將兩邊積分：

$$\int \frac{1}{y}dy = \int -kdx$$

根據積分的公式：

左邊：$\int \frac{1}{y}dy = \log_e y$

右邊：$\int -kdx = -kx + C$（C 為定數）

所以，$\log_e y = -kx + C$

$$y = c \cdot e^{-kx}$$

c 表示最早的放射性物質量

e 表示自然對數的底，約為 2.71828…

x（時間）

放射性物質的衰變

在幾億年前的遠古時代，各種恐龍幾乎是獨霸整個地球；人們透過許多骨骼或牙齒化石的挖掘，證明恐龍存在的事實。

那麼，人類如何發現以恐龍為首的遠古化石，距今有多少年代呢？又該如何測定這些已經變成化石的動植物之生存年代呢？

這時，放射性物質的衰變作用就派上用場了。例如，放射性碳 ^{14}C 為一不安定原子，會釋出β線而衰變。進入動植物體內的 ^{14}C 量，在生物活著時，會與外界保持平衡；反之，如果生物已經死亡，體內的 ^{14}C 無法繼續供給，也會造成衰變。

一般而言，放射性物質具有與其量成比例之速度衰變的性質。

所以，只要知道化石衰變到何種程度，即可發現此生物的死亡時間。

數學筆記

微生物增殖與指數函數有關　微生物的增殖速度與當時的生物量有關。如同下例可列出微分方程式，導出 $y = c \cdot e^{kx}$ 的式子。

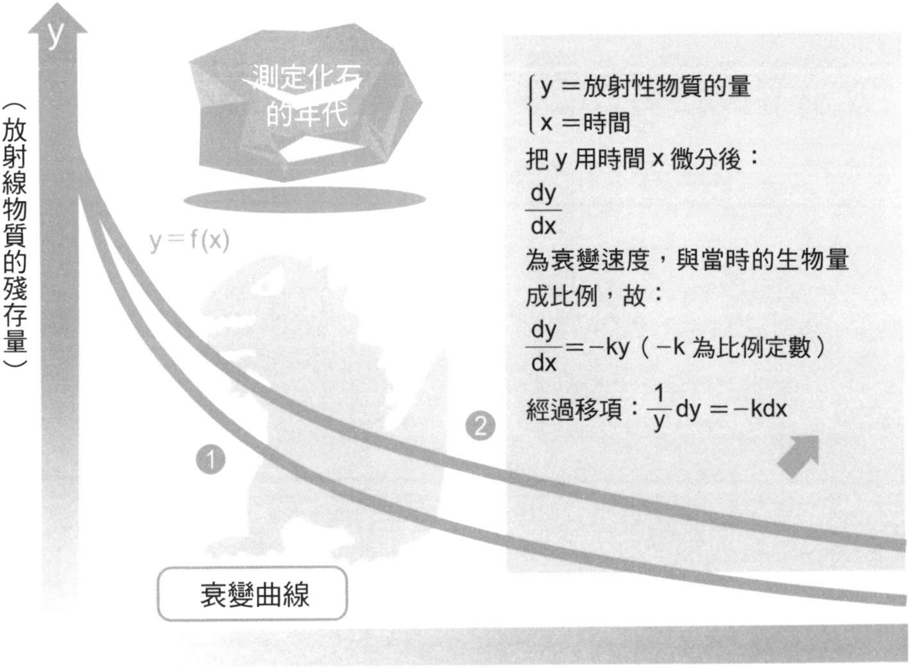
y
（放射線物質的殘存量）
測定化石的年代
y＝f(x)
①
②
衰變曲線
y＝放射性物質的量
x＝時間
把 y 用時間 x 微分後：
$\frac{dy}{dx}$
為衰變速度，與當時的生物量成比例，故：
$\frac{dy}{dx} = -ky$（$-k$ 為比例定數）
經過移項：$\frac{1}{y}dy = -kdx$

而 ^{14}C 的衰變速度很慢，半衰期長達五七三〇年；也就是說，它要經過五七三〇年，^{14}C 的原子數才會開始減半。

上圖中的比例常數k，是依放射線物質種類決定的常數；請參考座標曲線圖。在曲線①與②中，①的k值比較大；由此座標可知，k越小，越適合測定古老的年代。

「鈾鉛定年法」、「鉀氬定年法」等

例如，像地球年代這種數十億年的等級，可採用鈾鉛定年法；而如恐龍年代一樣，由數千萬到數億年的等級，則可利用銣鍶定年法或鉀氬定年法。

此外，最近還常聽到「生物工程」一詞，其中的微生物增殖也與指數函數有關。

由此可知，在大自然中，到處都是指數或對數的例證呢！

COLUMN

不可思議的 e：$(e^x)' = e^x$

$$(\log_e x)' = \frac{1}{x}$$

$$\int e^x dx = e^x + C$$

C 為積分定數

〈$y = e^x$，$y = \log_e x$ 的微積分〉

當我們研究指數函數或對數函數的微積分，可看到常數e；e是發現者Euler的第一個字母。這個常數使用極限下定義：

$$e = \lim_{n \to \infty} \left(1 + \frac{1}{n}\right)^n$$

其數值約為2.71828……。

目前已知e為無理數，甚至是超越數，但是距離它被發現後的一百多年，這個事實才獲得證實。

這個使用極限下定義的常數e，雖不好對付，卻是微積分學不可或缺的數。使用e以後，不管是指數函數或對數函數的微積分，都會十分淺顯易懂。再加上e的誕生，也促使新理論朝多元化發展。尤其是指數函數e^x，當x為複數時，可發揮莫大的威力。

現代物理學中，能和愛因斯坦的相對論相提並論的是量子力學。光是一種波，且具有粒子的性質；反之，被視為粒子的電子或中子等等粒子，也具有波的性質——這已獲得證實。而根據這兩種性質，深入探索原子、電子等微小世界構造的理論，正是量子力學；所以，e是不可或缺的！

此外，為醫院診斷帶來革命性突破的CT電腦斷層掃描，也是基於這個指數函數e^x，研發出的產物。

由此可知，e是何其神妙啊！

第8章 和三角函數作朋友

三角函數的故事

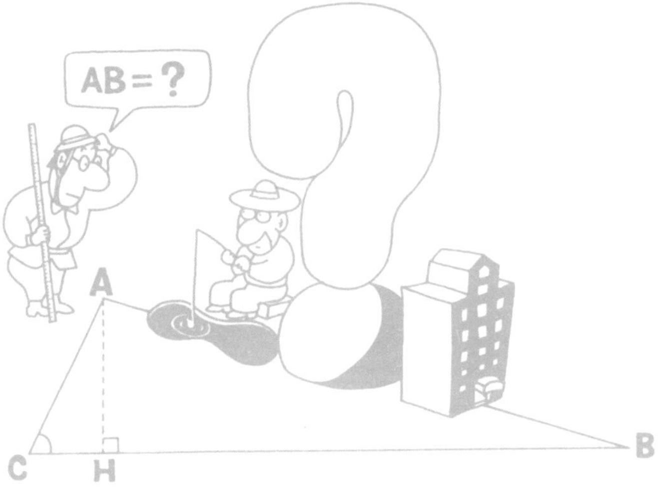

給畏懼三角函數的人

sin、cos、tan 是好朋友三人組

應用範圍廣泛

數學裡的 sin、cos 可說是為人熟知的三角函數；不過，光聽到它們就皺起眉頭表現出厭惡感的人，恐怕不少吧！

其實，即使是對三角函數有著莫名恐懼的人，只要確實了解「使用三角函數的動機」會發現其實並不難理解，而且用途很廣，十分方便呢！

例如，能重現美妙音色的CD、醫療常用的電腦斷層掃描等尖端的高科技，都是三角函數的應用範圍。

進入主題之前，需要要先知道三角形和四角形、五角形，究竟有何差別？

三角形、四角形、五角形有什麼差別

其實它們的差異很簡單；三角形只要三個角一致，所有的三角形都相似，剩下的就是三邊的長度比。

接下來把重點擺在直角三角形。三角形內角和為一八〇度，除了直角頂點九〇度外，只要其他有一頂點的角度決定了，即可算出剩下的頂點角度，然後再算出三邊的長度比。

三角函數

如左圖所示，θ在這二個共通的直角三角形中：

$$a:b:c = a':b':c'$$

結果：

$$\frac{b}{a}=\frac{b'}{a'}, \frac{c}{a}=\frac{c'}{a'}, \frac{b}{c}=\frac{b'}{c'}$$

這個等式成立！

亦即，只要θ決定的話，無關三角形的大小，即可決定這些數值；所以這些式子可以寫成 sinθ、cosθ和 tanθ，總稱為三角函數。

其實，三角函數的定義就是這麼簡單，而如此簡單的定義卻可延伸出各種用途；有關其應用不妨逐頁看下去！

數學筆記 **三角比與三角函數** 採靜態觀察的直角三角形三個邊之比，為三角比；將三角比視為角的函數，採靜態觀察的是三角函數。

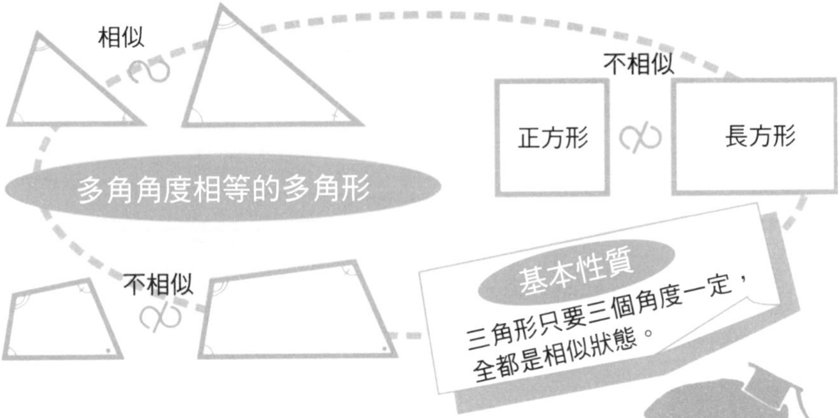

●直角三角形●

只限於直角三角形，當決定 1 個角度θ後，
三邊長的比例一定。

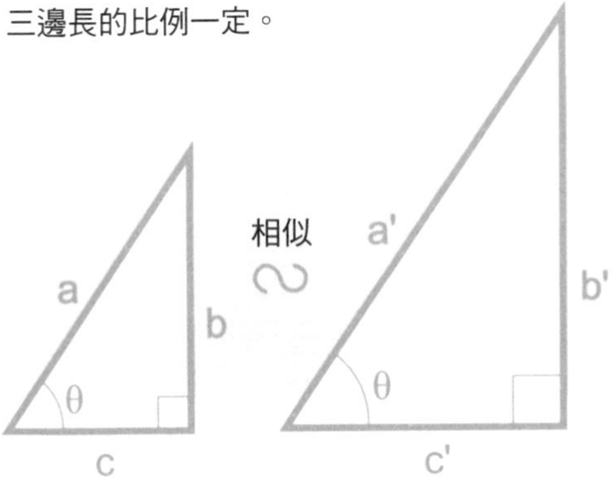

θ在共通的直角三角形中：

$a : b : c = a' : b' : c'$

所以：

$\frac{b}{a} = \frac{b'}{a'}$，$\frac{c}{a} = \frac{c'}{a'}$，$\frac{b}{c} = \frac{b'}{c'}$

成立！

●sin・cos・tan 的定義●

$$\sin\theta = \frac{b}{a}，\cos\theta = \frac{c}{a}，\tan\theta = \frac{b}{c}$$

這些數值與三角形大小無關，
而是由θ來決定；亦即，為 θ的函數 。

這就是三角函數!!

用棍子測量高度

泰利斯測量金字塔高度的方法

接下來要介紹一個有關三角函數的由來。據說是希臘有名的數學家泰利斯（Thales, B.C.640～B.C.546）最早發現，當直角三角形的一個銳角θ決定後，三角形就會完全相似。而泰利斯被聘至埃及、測量金字塔高度的故事，也相當有名。

泰利斯首先如下圖所示，以一根棍子垂直於地面，再測量棍子影子的長度。然後，也測量金字塔影子的長度。

因為由金字塔的影子所構成的三角形ABC，和棍子的影子構成的三角形A'、B'、C'、相似，所以：

$$AC : A'C' = BC : B'C'$$

那麼金字塔的高度等於

$$AC = \frac{A'C' \times BC}{B'C'}$$

這時 $\frac{A'C'}{B'C'} = \tan\theta$，這個方法正是取自於三角函數。

三角函數共有 sinθ、cosθ和tanθ三個；三者之間關係相當密切而非各自獨立。而畢達哥拉斯定理正是將它們緊緊相扣的原動力。如使用畢達哥拉斯定理做計算的話，cosθ和 tanθ就可以化成 sinθ。

●sin θ、cos θ和 tan θ三者之間關係●

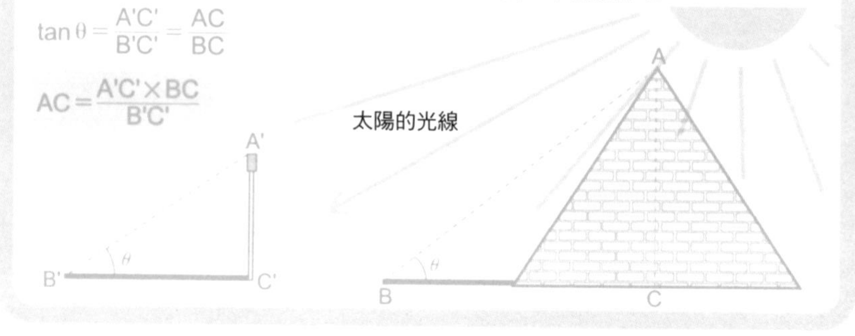

數學筆記

過度熱中的泰利斯 以預言日蝕而聲名大噪的泰利斯，因為過度熱中觀測，而被服侍一旁的女兒笑說：「你對天體瞭如指掌，但對身邊的事物卻一籌莫展！」

公式 1 $\sin^2\theta+\cos^2\theta=1$

可以運用畢達哥拉斯定理！

$$\sin^2\theta+\cos^2\theta=\left(\frac{b}{a}\right)^2+\left(\frac{c}{a}\right)^2$$

$$=\frac{b^2+c^2}{a^2}=\frac{a^2}{a^2}=1$$

再根據公式 1 可知：

$\cos^2\theta=1-\sin^2\theta$

所以可以推演出：

公式 2 $\cos\theta=\sqrt{1-\sin^2\theta}$

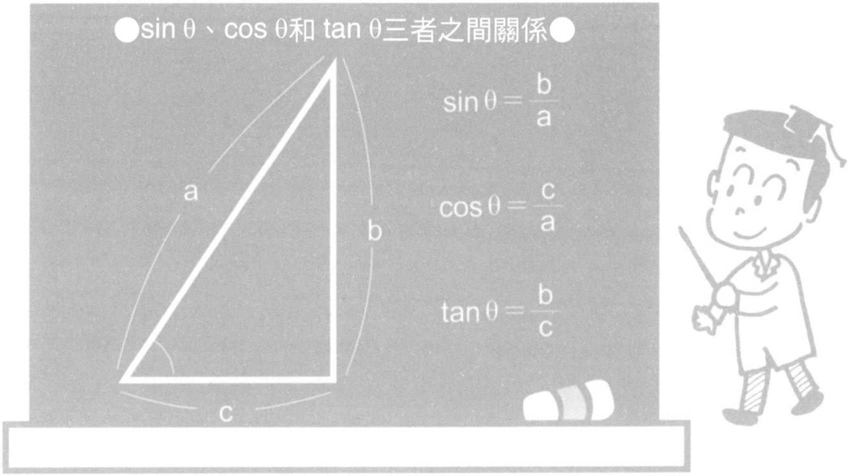

$$\tan\theta=\frac{b}{c}=\frac{\frac{b}{a}}{\frac{c}{a}}=\frac{\sin\theta}{\cos\theta}=\frac{\sin\theta}{\sqrt{1-\sin^2\theta}}$$

再根據公式 2 可以推演出：

公式 3 $\tan\theta=\dfrac{\sin\theta}{\cos\theta}=\dfrac{\sin\theta}{\sqrt{1-\sin^2\theta}}$

跨越障礙的餘弦定理

碰上山或建築物無法直接測量時的距離算法

用直角三角形下定義

三角函數利用了直角三角形下定義。

所以，很多人會以為要有直角三角形才能進一步運用三角函數；這是錯誤的觀念。事實上，三角函數在任何場合均可適用。

假設現在要測量A、B兩地之間的距離，因其間有山、建築物或池塘阻隔，而無法直接測得距離。你計怎麼辦呢？

這個時候，三角函數可就派上用場了！方法如下：

首先選出任一個可以看到A、B兩地的C點，再直接測出AC和BC兩邊的距離。

然後，測量角C。

如果上述的數據很完整，可以利用三角函數，如下所示，直接算出AB間的距離。

餘弦定理

這個方法就是，當三角形的二個邊長，與其二邊所構成的角度知道時，要算出剩下之邊長；即所謂的「餘弦定理」。

接下來就運用這個餘弦定理算算看！

首先如左圖所示，從頂點A畫出一條與BC相交的垂直線H。

這條垂直線H稱為「補助線」，只要能畫得出來，就能確實運用這個定理，所以，我們可說它是這個定理的重點。

這是因為針對由此垂直線劃分出來的二個直角三角形，只要適用三角函數的定義和畢達哥拉斯定理，稍加計算的話，很快就可以完成「餘弦定理」。

這個定理可說與構成兩個三角形全等的條件之一「二邊與其構成的角度相等（SAS性質）」相互對應。

數學筆記　**兩三角形全等的構成條件**　①對應的三邊互相相等（SSS）。②二邊與其構成的角相等（SAS）。③一邊與其兩端的角相等（ASA）。故①稱為「三邊相等」，②為「二邊夾角相等」，③為「二角夾邊相等」。

計算有障礙物之二地間的距離

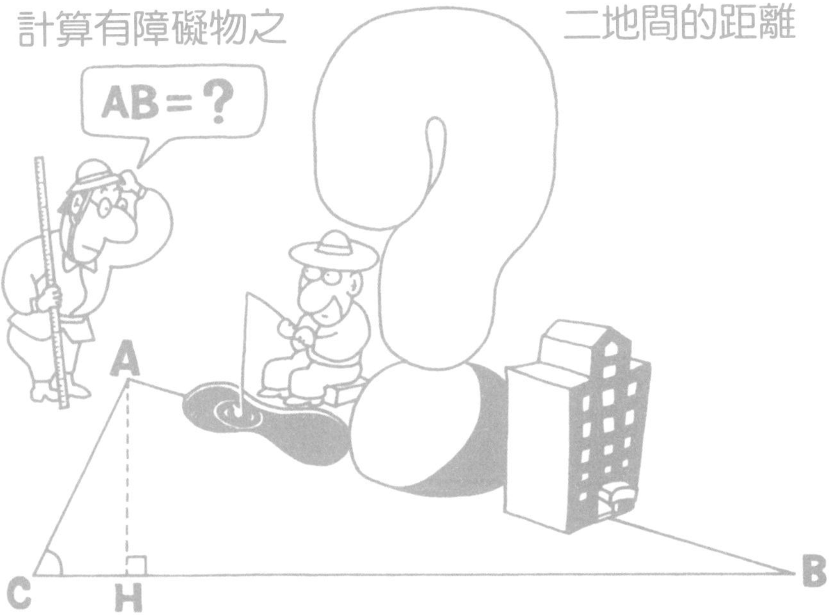

餘弦定理

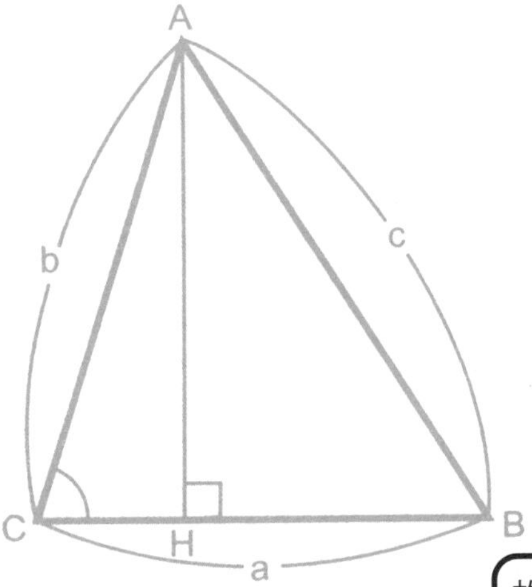

先看左邊的直角三角形 AHC。
根據三角函數的定義：

$$AH = b\sin C$$

$$CH = b\cos C$$

所以，$BH = BC - CH = a - b\cos C$
再看右邊的直角三角形 ABH。
根據畢達哥拉斯定理：

$$AB^2 = AH^2 + BH^2$$

再把每個式子帶入計算：

$$c^2 = (b\sin C)^2 + (a - b\cos C)^2$$
$$= b^2\sin^2 C + a^2 - 2ab\cos C + b^2\cos^2 C$$
$$= a^2 + b^2(\sin^2 C + \cos^2 C) - 2ab\cos C$$

又根據 139 頁的公式：

$$\sin^2 C + \cos^2 C = 1$$

所以，$c^2 = a^2 + b^2 - 2ab\cos C$

故餘弦定理為：$c^2 = a^2 + b^2 - 2ab\cos C$

正弦定理的測量妙方

神通廣大的三角測量

三角測量

製作地圖等土地測量時，一定會用到三角函數；這是因為透過測量的動作，可以把三角形如同鐵絲網一般搭起來，再決定各點的位置，故稱這種測量為「三角測量」。

而三角測量的原理就是要算出三角形的一邊，以及從其兩端的兩角構成的二邊，稱之為「正弦定理」。

正弦定理

你可以如同前面一樣，試著自行導入這個正弦定理！

首先如左圖所示，從頂點Ａ畫出一條與ＢＣ相交的垂直線，垂足定為Ｈ。

針對這條垂直線分出的兩個直角三角形——ＡＢＨ和ＡＣＨ，寫出sin的定義，很快就能算出正弦定理的一個等式。

同樣地，從另一個頂點Ｂ，畫出一條與ＡＣ相交的垂直線，能算出正弦定理的另一個等式。

如果知道角Ｂ與角Ｃ，當然就會知道角Ａ；再根據這個正弦定理，求出ＡＢ和ＡＣ的長度。故正弦定理可說呼應了兩個三角形全等的構成條件之一「二角與其構成的邊相等」。

大規模測量

那麼，實際進行三角測量時，首先要高度準確地測出二地之間的基準距離。然後一一畫出三角形，只要算出它們的角度，即可透過正弦定理計算各邊的長度。

亦即，這種採用三角測量的測量方式，不必全部測出距離，只要畫出準確性高的基準線即可。像這類的角度測量只要能預估即可，可以涵蓋範圍廣大的區域，很適合用於大規模的測量。

值得一提的是，即使是測量地球到月球的距離，也可以運用三角測量！

數學筆記

測量日　自 1999 年之後，每年的 6 月 3 日被定為測量日；到了這天，人們會舉辦各種慶祝活動，宣導測量的重要性或地圖化的必要性。

正弦定理

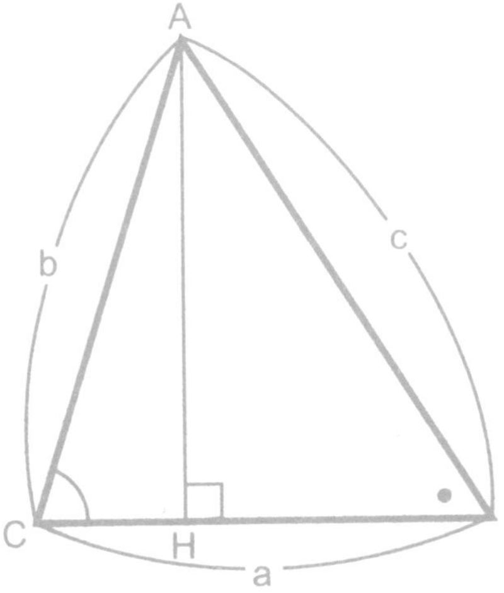

針對 2 個直角三角形 ABH 和 ACH（A 為頂點）：

根據 sin 的定義：

$$AH = b\,sinC$$
$$AH = c\,sinB$$

所以，$b\,sinC = c\,sinB$。

兩邊各以 $sinB$．$sinC$ 相除的話：

$$\frac{b}{sinB}=\frac{c}{sinC}$$

接下來以 B 為頂點，畫出與 AC 相交的垂直線：

$$\frac{c}{sinC}=\frac{a}{sinA}$$

亦即，$\frac{a}{sinA}=\frac{b}{sinB}=\frac{c}{sinC}$

正弦定理 $\frac{a}{sinA}=\frac{b}{sinB}=\frac{c}{sinC}$

※若知道邊長 a 和角 A, B, C 的話，根據正弦定理：

$$b=\frac{a\,sinB}{sinA}、c=\frac{a\,sinC}{sinA}$$

三角測量

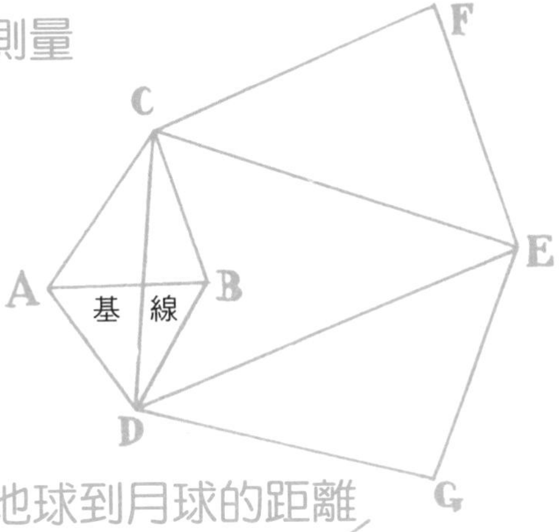

測量地球到月球的距離

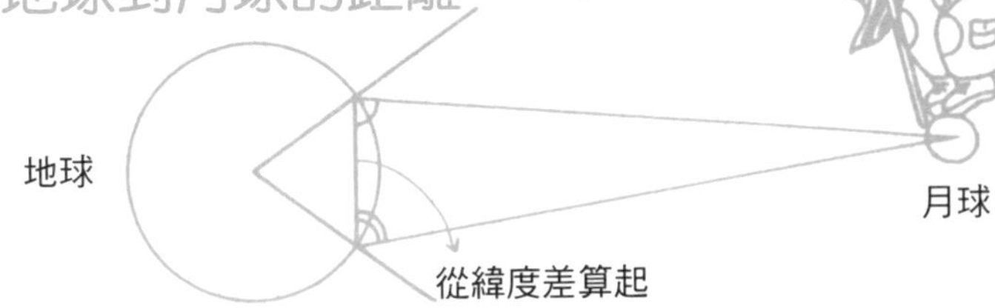

電氣也是正弦的世界

若沒有三角函數就日夜不分了

三角函數衍生物

拜電氣之賜，人類的生活才會這麼便利；可是，你知道嗎？生活中不可或缺的電氣，全都是依據三角函數理論衍生的產物。

在日本，電氣依照地區分為50赫（頻率的單位，簡寫Hz，又稱周波數）到60赫的交流電（台灣則統一為60赫）。這裡所謂的50赫交流或60赫的交流電，究竟是什麼呢？

正弦曲線

50或60赫，是指正弦曲線的電壓於一秒內，震動50或60次的意思。不過因為尚未解釋何為正弦曲線，只要先將$y = \sin x$的函數畫在座標上即可。

但是之前的正弦都使用直角三角形定義，故x的活動範圍限制在0度和90度之間的角度。像這種x的活動範圍，都如左圖所示受到限制，而真正被定義的是一般的正弦函數，此座標圖就叫正弦曲線。

餘弦曲線

至於餘弦函數也是一樣的定義。

我們由左圖可以發現，正弦或餘弦都如波浪一般，在三六〇度內重複相同形狀，成為一周期函數。餘弦曲線和正弦曲線前後剛好差了九〇度，就曲線來看是相同的。一般而言，解析週期性的變動現象，一定要用到這些函數。

接下來再看看電氣世界裡為何會出現正弦曲線？當然這就必須提到電氣的起源——發電機。

發電機的原理乃基於法拉第的電磁感應定律；這個法則就是：

「讓電線在磁鐵之N極和S極對峙中移動後，電線會產生電壓，其大小和橫切過磁束的速度成正比。」在發電機中，盤成線圈狀的電線會旋轉，線圈出現圓的運動，就會發生可將垂直部分正弦函數微分的餘弦函數電壓。

數學筆記 法拉第（M. Faraday, 1791～1867） 英國物理學家和化學家，被稱為「電學之父」。他是倫敦鐵匠之子，所提出的電磁感應定律，以及電磁學相關法則，是引導人類進入電氣生活的劃時代研究。

■正弦曲線和餘弦曲線■

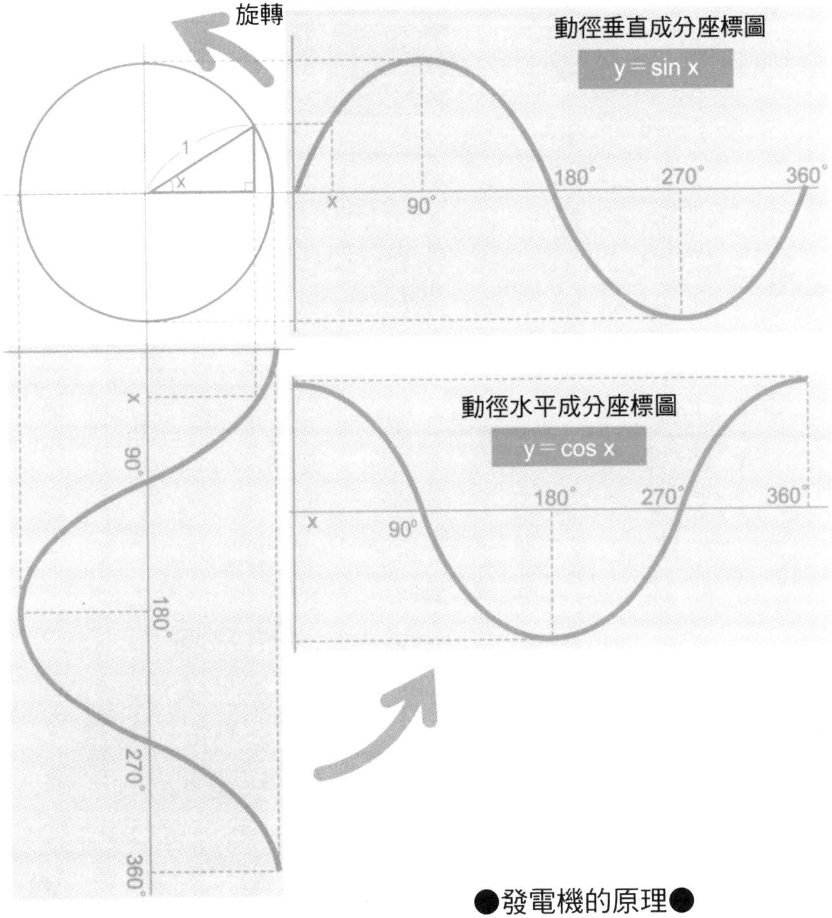

●發電機的原理●

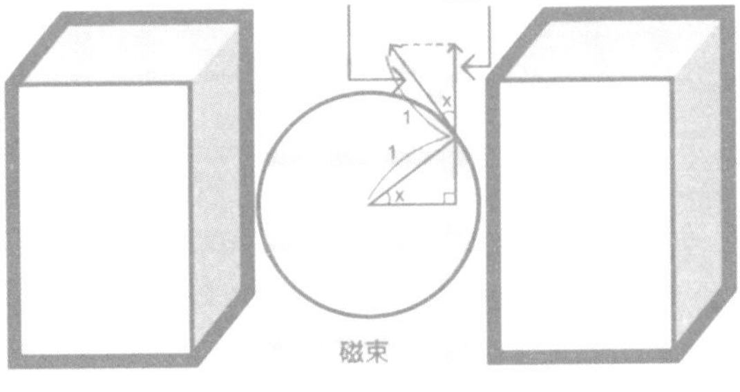

y ＝ sin x 的微分來自於動徑速度的垂直部分。
故：y'＝(sin x')＝ cos x

用途無限的三角函數

重現美妙的音色，正弦曲線的組合

電氣因為用途不同而需改變電壓，正弦曲線的交流也因此而變得十分方便。使用如左圖所示的變壓器可以改變電壓。亦即，在一次線圈流入正弦曲線的電流後，與此成比例的鐵心中之磁束產生改變，根據法拉第定律，二次線圈會產生有正弦曲線微分的餘弦曲線交流。這種起電力的大小，和一次二次的線圈成比例，成為電壓。正因為有正弦曲線的交流，才會出現這種結果。

正弦曲線的交流發生得十分自然，而且具有各式各樣的長處。

例如，可產生穩定旋轉的感應發電機。

變頻冷氣機

變頻冷氣機就是把交流改為直流，再改為各種周波數（頻率）的交流，以帶動感應發電機。如此一來，可以進一步控制機器調節冷暖氣的功能。

像音響或電視的電波，也利用了正弦曲線。因為聲音或影像的信號，無法直接作為電波放射於空間，必須配合高周波的正弦曲線電波（俗稱為輸送波）加以傳送。

其他像接收機是透過組合線圈和電容器的電波調諧迴路，從許多漫飛於空間的電波中，找到想要的周波數之電波。

同樣的原理也可以用在電話上。以一根電話線，在許多周波數不同的輸送波中運送各種聲音訊息，接聽的一方如同音響的電波調諧迴路一樣，找出隨著想要的訊息而來的輸送波。如此一來，非常多的通話都可以透過一組電話線進行輸送。

現在的電話系統大多採用這種方法，稱之為輸送電話。當然，電力公司也可以相同的方法，把電力輸送電線作為電話線使用。

而能夠重現美妙音色的CD，也是把各種音波形狀分解為各式的周波數正弦曲線，再透過數位錄音而成。

數學筆記

三相交流　在發電廠實際透過發電的配電線，被送到變電所的是，三相的正弦曲線交流；只要把它們視為大小相同的三種電波，再各以120°岔開即可。

正弦曲線隨處可見

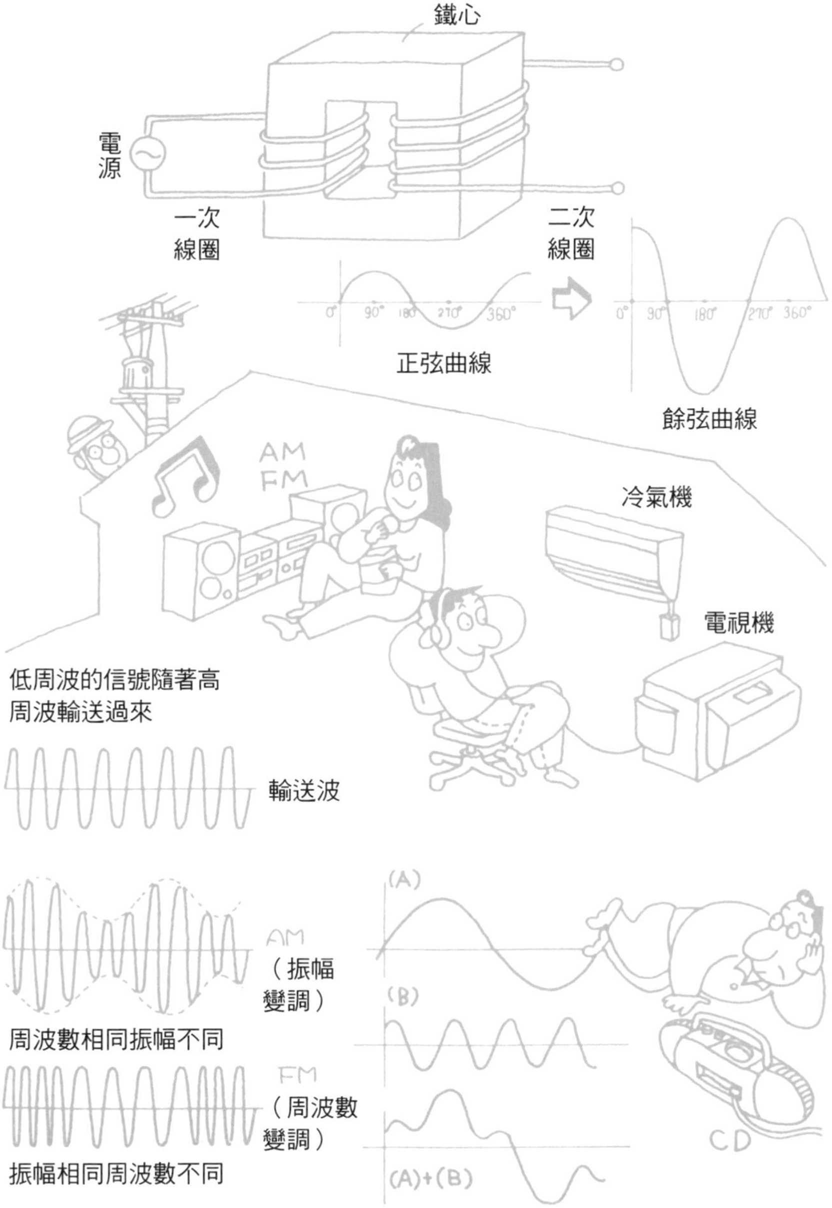

傅利葉轉換

DNA的雙重螺旋構造也可用傅利葉轉換解釋

在人們生活的周遭，充滿各式各樣的波；如光波、電波、X光線、聲音、振動、熱傳導等等。會隨著時間產生變化的這些複雜的波，不難想像與三角函數有所關聯。

事實上，具有週期性變化的波，是一種簡單的正弦曲線組合表現，稱為傅利葉級數（Fourier series）。

像後面的歐拉公式，也暗示這些都和指數函數有關。

所謂的傅利葉轉換（Fourier Transform），乃傅利葉級數的觀念延伸的產物。結果令人吃驚的是，它能解析不見得是週期性的一般波動現象，因而成為不可或缺的工具。

而且配合電腦科技的驚人發展，在各種領域中，均可作為強而有力的解析手段。

以下試舉幾個例子看看！

由馬鈴薯和蕃茄合成的作物、癌遺傳因子被發現進而解開致癌機制、濾過性病毒抑制因子量產之後，對醫療、藥品、食品、農業等持續造成極大影響，而成為今日話題的生物科技。這一切都是從DNA的螺旋構造被解開的那一刻起。這種遺傳因子的本體——DNA雙重螺旋構造，便是經由X光線的折射和傅利葉轉換所發現的。

用同樣的方法也可以解開結晶、生物體高分子等的構造。

像診斷頭顱內部疾病或胸腔疾病的CT電腦斷層掃描，就是把各種方向的細微情報，透過傅利葉轉換，使用電腦構成斷層畫像。

所以說，傅利葉轉換也是影像處理所不可欠缺的。

而像美國的太空總署，也是利用傅利葉轉換進行訊息處理，把宇宙偵測機拍攝的天體影像，改良為更清晰、鮮明的影像。

其他像去除數位錄音系統的雜音、設計電氣迴路、半導體物理學等尖端科技的各種範疇，更是少不了傅利葉轉換！

數學筆記

傅利葉（U.S. Fourier, 1768～1830）　法國數學家。下面的傅利葉級數常用於將物理現象導入偏微分方程式研究的「熱之解析理論」時，用來解開方程式。

傅利葉轉換為解題之鑰

CT電腦斷層掃描

DNA 雙螺旋

航行者

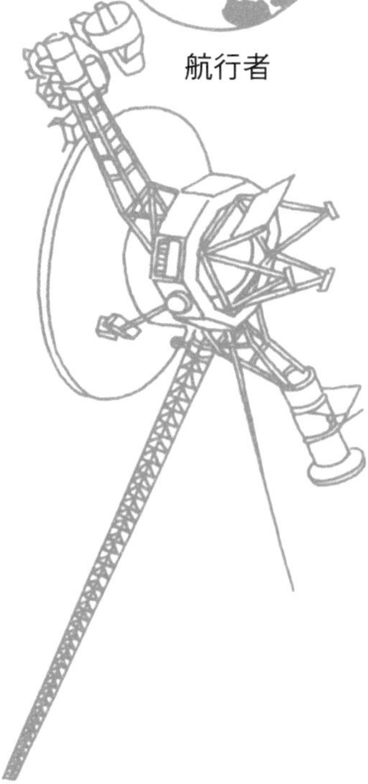

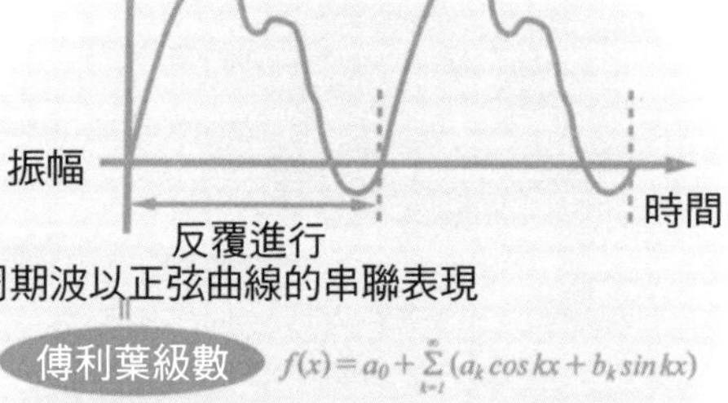

周期波以正弦曲線的串聯表現

傅利葉級數 $f(x)=a_0+\sum_{k=1}^{\infty}(a_k\cos kx+b_k\sin kx)$

傅利葉轉換 函數 $f(x)$ 的傅利葉轉換為：

$$F(t)=\int_{-\infty}^{\infty}f(x)e^{-ixt}\,dx$$

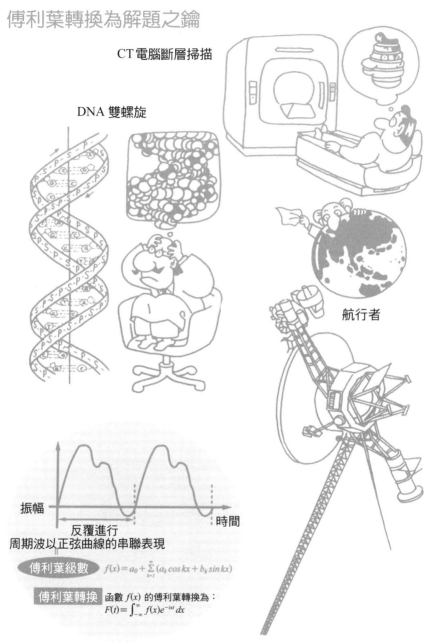

COLUMN

神秘的 Euler 公式

三角函數是解析一般具有周期性變化之現象所不可或缺的方法；而將這個理念進一步推廣到複數世界的根本關鍵正是俗稱「歐拉（Euler）公式」的神秘公式。

看一下這個公式，會發現它其實是指數函數與三角函數的結合；但是，指數函數與三角函數乍看之下，似乎沒什麼關聯。不過，仔細研究之後，才發現它可以延伸到複數的世界，宛如親兄弟般密不可分。

這個公式的發現者 Euler 本身十分重視這個發現，進而四處宣導；就連現代的物理學巨擘費曼（R. Feynman，美國物理學家，1918～1988）也極力讚賞：「Euler 公式是數學上最偉大的公式，更可說是人類的一大瑰寶。」

Euler 公式不僅使指數函數與三角函數相互結合，還呈現給人們一個神秘的世界。例如，e、π、i 等數學上三大重要常數間不可思議之關係。再者，從 Euler 公式還可導出三角函數的加法定理，或法國數學家棣美弗（A. de Moivre, 1627～1754）的定理。

像這樣引導出各種關係的 Euler 公式，是強而有說服力的公式。

棣美弗的定理

$$(\cos x + i\sin x)^n = \cos nx + i\sin nx$$

歐拉公式

$$e^{ix} = \cos x + i\sin x$$

e、π、i 之不可思議的關係

$$e^{i\pi} = -1$$

第9章

數學開展新世界

新數學的故事

形狀在空間中的變化

發現局部性和全面性差異的拓樸學

■拓樸學創造出不可思議的世界■

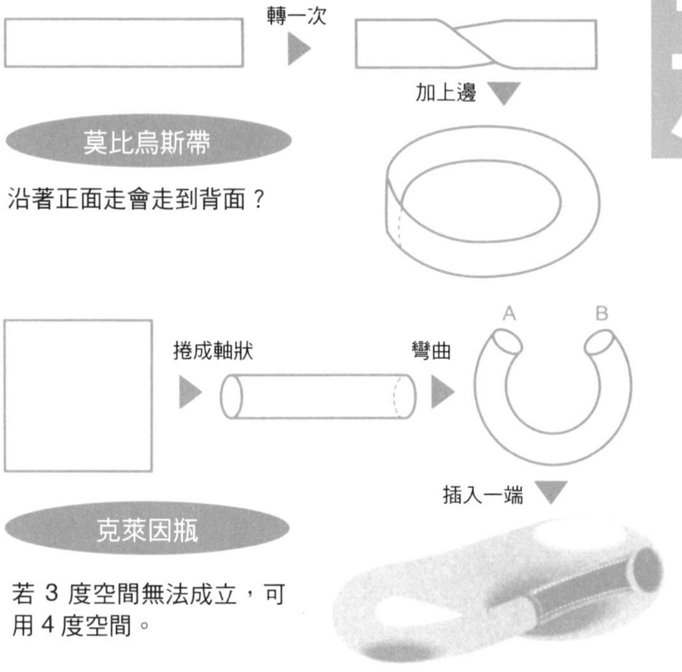

將 A 的內側接上 B 的外側

何謂「拓樸學」？

第一次聽到拓樸學的人，大概都會認為這是一門十分困難的學問。的確，在數學的世界裡，拓樸學是目前最為熱門的研究範疇之一；但是，也少有一門學問如同拓樸學一般，以其構思理念深入人們日常生活中的所有層面。

事實上，拓樸學的思考模式，多少已在日常中成為一種習慣。例如，一提到球，你會想到大小、重量、材質、用途等層面，很少只會想到球而已，這就是拓樸學思想的原點。像描繪地圖時，會稍微做變形（非現實主義的歪曲形象），也是拓樸學的表現之一。好比日本的JR路線圖，如果畫得太仔細反而不容易懂，為好看起見，就會畫成車站與車站呈聯繫狀態的圖形。

在拓樸學的理念中，「可以反覆伸、縮、彎、斜的東西被視為相同」，故拓樸學也被稱為「橡皮幾何學」。

數學筆記

莫比烏斯帶 這是無法區分正反的曲面具體例子之一，由莫比烏斯（Mobius, 1790～1868，德國的數學家及天文學家）所發現。在這類型曲面中，因以史上最早發現而聞名。

●在拓蹼學的世界中何謂相同？●

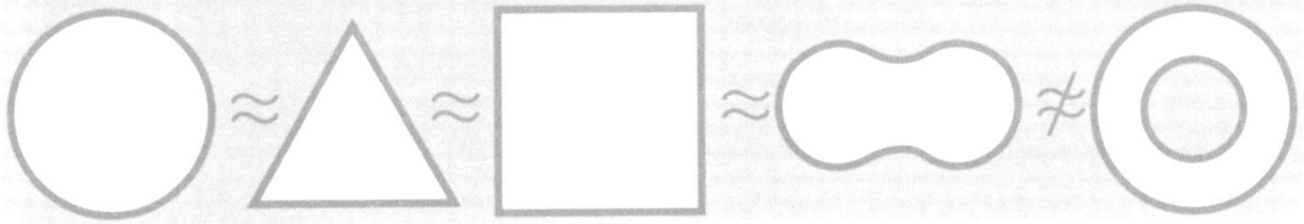

●把甜甜圈變成咖啡杯●

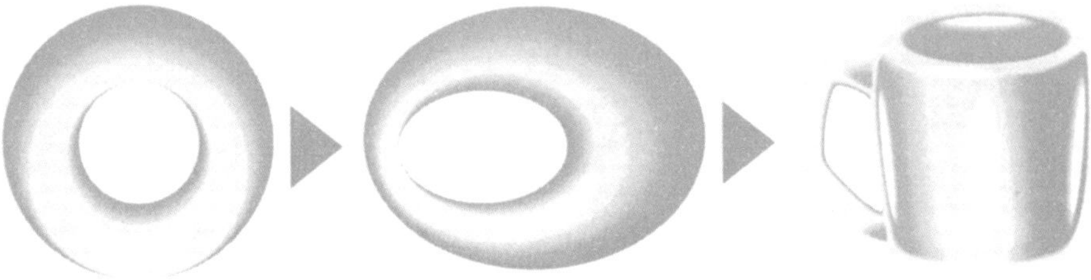

請繼續看上面⑴至⑸的圖形。

圖形內部的根本本質

一般來說，我們會認為這些圖形都不一樣。但由拓樸學的觀點來看，⑴、⑵、⑶和⑷這四個圖形都相同。例如，只要把⑴的圓伸伸縮縮一番，即可做成⑵的三角形。不過，這個圓再怎麼伸縮，也做不出⑸的樣子。

通常當A的圖形經過伸縮做成B圖時，我們說「A與B相同」，寫成A≈B。例如上面的甜甜圈和咖啡杯同相，要怎麼變形比較好呢？

所以說，在拓樸學的世界裡，到處都是平等的，呈現出一個平和的狀態。

而且，不管它再怎麼變，試著探索共有的圖形（空間）之性質，更是拓樸學的特點。具體地說，拓樸學會把圖形的各邊邊長、彎曲角度、面積等比較淺顯的訊息加以去除，進一步發現隱藏於圖形內部的本質。

誰在說謊？

動搖數學基礎的羅素詭論

羅素詭論

以自身為元素而不包括在內的集合全部構成集合 R，可記為：

$$R=\{x \mid x\notin x\}$$

所以，如果 R 是 R 的元素的話，根據 R 的定義，R 並不包含於 R 中（$R\notin R$），結果互相矛盾。

反之，如果 R 不是 R 的元素的話，根據 R 的定義，R 便成為 R 的元素（$R\notin R$），結果還是互相矛盾。

詭論？詭辯？

以前曾流行「我沒說謊」這句話；但是，有些脾氣很彆扭的人，卻偏偏要說「我在說謊」。如此一來，事情真的變得很奇怪；因為如果這個人真的說謊，這句「我在說謊」就成了實話，與事實矛盾。反之，如果他說的是實話，這句「我在說謊」就成了謊話，也與事實矛盾。所以，不管怎麼說都很怪異！

像這樣不管從哪方面解釋都呈矛盾狀態的理論，稱之為「詭論」。亦即，從理論上來看，會引發自我矛盾的學說。

這種詭論稱為「說謊者悖論（謊言詭論）」，歷史上最出名的是，由古希臘所傳承下來的詭論「有一個克里特島人告訴外來者，所有克里特島人都說謊」。這個詭論中的人物只有克里特島人、內容的矛盾和前面的例子完全相同。

數學筆記

羅素（B. Russell, 1872～1970）　英國著名的數學家、哲學家、理論學家和社會思想學家。他活躍於各個領域，著作頗豐，集符號理論學之大成的《數學原理》十分有名。

利用這種詭論的觀念，有時還會讓人免於死刑之災呢！以下就介紹一個例子，請看上面的插圖；絕頂聰明的死囚說：「讓我受絞刑吧！」結果，他的下場如何？當然這個例子只是腦力的遊戲，不太可能用在現實生活中。

不過，這並不表示詭論只是一種腦力的遊戲，事實上，以它為根基，剛好可以從根本重新評估數學的一切。

到了十九世紀末葉，英國數學家兼哲學家羅素（Bertrand Arther William Russell, 1872～1970，於一九五〇年獲得諾貝爾文學獎）提出所謂「羅素詭論」，在數學界掀起莫大的恐慌。它就是單純地在數學的對象——集合論中，加入矛盾的說法。這時的數學家對此說法十分農擾，到最後禁止「集合」這個語彙出現，藉以擺脫這種詭論的威脅。

如同「轉禍為福」這句格言一般，這次的騷動成為從基礎重新省視數學之公理集中論的起源。

何謂不確定性理論？

一個人無法決定自己的價值

不一樣的世界

有一本厚厚的書《哥德爾・愛森・巴哈》。哥德爾就是在一九三一年，發表「哥德爾不確定性定理」，於數學界引起轟動的那個人。

如同歐幾里得的幾何學深入人心一般，在數學的世界，誰都可以從明確認可的公理出發，自成一個體系。

但是，也如同非歐幾里得的幾何學一樣，如果使用不同於日常習慣的公理，也可以開啟一個不一樣的世界。想要探索宇宙這個未知世界的話，非得仰賴這些不同於日常習慣的公理呢！

在二十世紀初期，人們對於數學界的巨擘大衛・西伯特（D. Hilbert）所說的話的「不論是何種命題，都有可以判斷其是否成立的公理理論。」當然深信不疑。

不過，哥德爾卻對外表示這種理論完全

數學筆記

哥德爾（K. Godel, 1906～1978）　出生於捷克斯拉夫的數學家和理論學家。就個人的軼事而言，他並不為人所知；但是普林斯頓高等學術研究所，將他與愛因斯坦譽為雙璧。

錯誤，稱其為「不確定性定理」。

自己無法評價自己

所謂的「不確定性定理」簡單地說就是，「要證明公理系的無矛盾性，並不能由公理系的內部做起！」這裡的無矛盾性不同於前面所說的詭論。直截了當地說，即在數學的領域裡，經常出現從理論無法確定真偽的問題。

當哥德爾進一步試著改善這個不完美的現狀時，又出現不完美的現象。亦即，理論主義者的這些提案，結果還是可以預知會走向失敗的命運。

若用通俗一點的話解釋所謂的不確定性定理，就是「自己無法評價自己」。如果國會議員要自己決定自己的薪資、選舉區域或政治籌碼等等，不免有些怪異；這大概也是不確定性定理的沿用吧！

模糊理論

地下鐵或NASA的太空梭都有關係

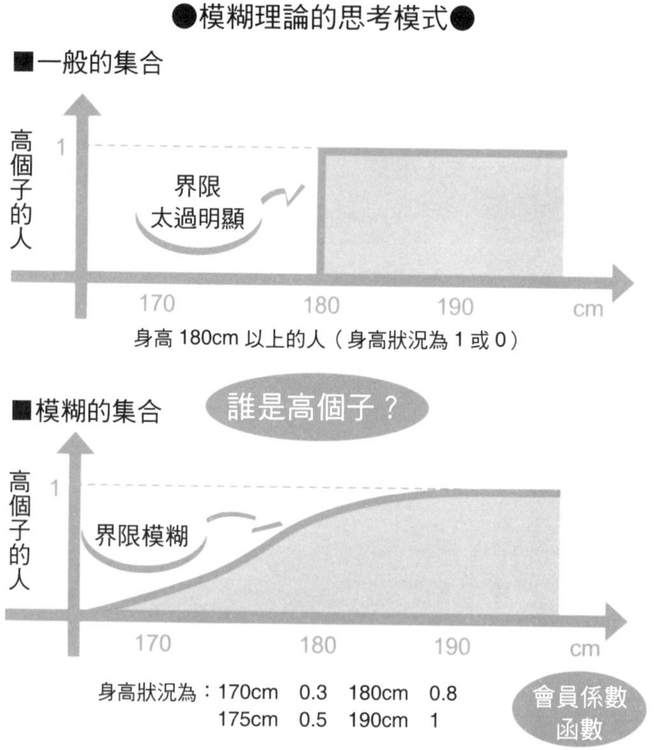

身高 180cm 以上的人（身高狀況為 1 或 0）

身高狀況為：170cm 0.3 180cm 0.8
175cm 0.5 190cm 1

近年來拜電視廣告之賜，冷氣機、洗衣機、烤箱、微波爐等等號稱「聰明的fuzzy……」，擁有fuzzy機制的產品隨處可見。

所謂的fuzzy就是「模糊」之意，也是日常的流行用語。如果狀況不佳，有人就會說「因為有些模糊……」當作逃避的藉口。因為這個世界原來就是多樣又帶些模糊，故這種思考模式頗受歡迎呢！

「模糊理論」是美國加州大學柏克萊分校的薩丹（L. A. Zadeh）教授，於一九六五年所創立的理論，自此經過數十年的時間，其發展令人瞠目結舌。

人們在日常無意中所做的模糊行為，或處理的現象，以理論而言，建構基礎就是模糊理論。透過fuzzy電腦的問世，人們的應用範圍越來越廣。例如，地下鐵採取fuzzy控制後，其快意舒適感獲得眾人的好評。

最佳的介面

數學筆記 日本「fuzzy」登場　1987年在東京召開國際fuzzy系統學會的第二次國際會議，許多傳媒爭相報導引發熱烈的討論。

模糊推論：從模糊的情況做模糊的推論。

●一般的三段推論法●

人類會死亡 → 蘇格拉底是人 → 所以，蘇格拉底會死!!

●模糊的推論●

紅色蕃茄表示成熟了 → 這顆蕃茄是紅的 → 所以，這顆蕃茄成熟了!!

這裡的「紅色」和「成熟了」都屬於模糊的語彙。

模糊控制：利用電腦的模糊推論之運用。

地下鐵的自動運轉

●使用原有電腦的自動運轉●

必須根據時時刻刻變化的數據，進行增速或減速的操控。

●使用模糊控制的自動運轉●

「現在的速度有些快，在下一個轉彎之前，把速度降低即可。」輸入熟練駕駛員的操控要訣。

所以，接下來要針對模糊理論，做一簡單的介紹。例如，「高個子」這句話的用法因人而異。所以，「所有的高個子」無法構成一個集合。如果身高一八〇公分以上的人就是高個子的話，可以構成一個集合；但就以高個子的集合而言，不自然也不恰當呢！

那麼，這種不自然感來自何方呢？答案就是其界限太過明顯了！只要其界限模糊些，這種不自然感就會消失。因此，光考慮身高怎麼行呢？

這正是模糊理論的中心思想。

比方說，假設身高一七五公分的人，身高狀況為0.5，一八〇公分的人身高狀況為0.8，只要程度慢慢改變即可。如此一來，所得的函數稱為會員係數函數；由此係數構成的集合（相似者）稱為「模糊集合」。

最後，僅以薩丹教授的話來做結論：「模糊理論聯繫了人類與電腦，堪稱是最佳的介面。」

天氣預報為何不準確？

模糊不清或無秩序的混沌現象經常可見

●揉捏派的麵團呈現的混沌●

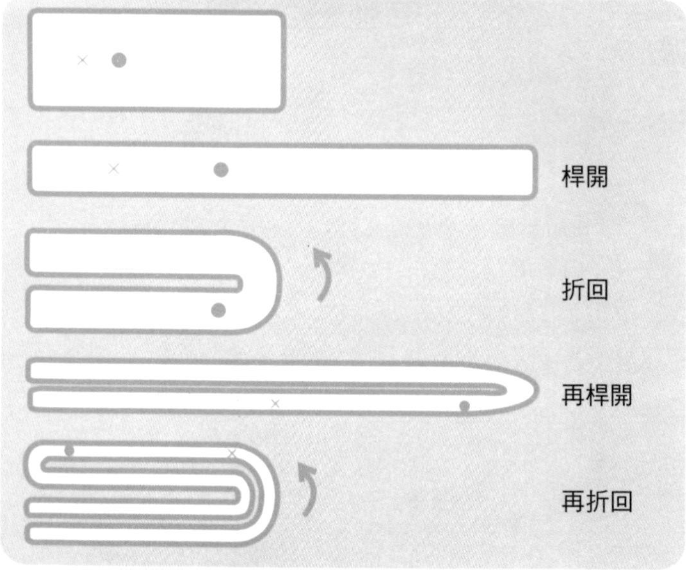

以派的麵團來看，灑在一側的砂糖等混合物經過桿開、折回等多次揉捏，逐漸散開，整塊麵團就可以揉得很均勻。

傳媒經常使用的「混沌」一語，與天氣預報的問題有關，是距今約三十年前出現之較新語彙。

拜氣象衛星之賜，現在的天氣預報準確度相當高。但是，儘管如此，有時氣象預報還是會出錯，若是長期預報的話，其準確度更是無法期待。這是為什麼呢？

我們依照流體的方程式，可以得知空氣的流動。所以，只要考慮初期的條件，再加上電腦，即可得知流動的狀況。

這裡的初期條件取自於各地大氣的流動、氣溫、風速與氣壓，但是，我們不可能收集到所有地點的一切資訊。

事實上，人們只能增加觀測地點，大量收集資訊，以減少誤差率。所以，很多人都會認為，只要觀測地點越來越多，天氣預報的準確度也應該隨之提高！

但是，這種自然的思考模式，受到美國氣象學家勞倫茲的質疑；他認為即便觀測地

數學筆記

蝴蝶效應　天氣預報其實是一件很困難的事；即使「今天」的天氣只有少許的變化，「明天」或許會出現急遽的轉變。

●用數學式子建立混沌的方法●

❶首先在 0 與 1 之間選一個數字，當作 a_1。
❷將此數字以函數 $f(x) = 4x(1-x)$ 做變換。
❸因為變換值 a_2 也是 0 與 1 之間的數字，再次用函數 f(x)做變換。
❹重複❸的操作步即可。

亦即：
$a_1 = 0.2$
$a_2 = 4 \times 0.2 \times (1-0.2) = 0.64$
$a_3 = 4 \times 0.64 \times (1-0.64) = 0.9216$
……
就這樣一直計算！換句話說，漸化式為
$a_{n+1} = 4a_n(1-a_n)$
構成的數列。

	A	B
a_1	0.2	0.21
a_2	0.64	0.6636
a_3	0.9216	0.89294016
a_4	0.28901376	0.382392123
a_5	0.821939226	0.944673549
a_6	0.585420539	0.20906174
a_7	0.970813326	0.661419716
a_8	0.113339247	0.895774701
a_9	0.401973849	0.373449544
a_{10}	0.961563495	0.935939928
a_{11}	0.14783656	0.239825516
a_{12}	0.503923646	0.729236951
a_{13}	0.99993842	0.789801681
a_{14}	0.000246305	0.664059943
a_{15}	0.000984976	0.892337341
a_{16}	0.003936025	0.384285645
a_{17}	0.015682131	0.946440752

首項有些差異

開始出現近似值

過沒多久就出現毫無關聯的字群

點增加，恐怕也無法過度期待預報的準確度會大大提升呢！

科學的巨大變率

抱持這種理念的勞倫茲，試著使用電腦解開已經簡化的流體方程式。結果發現，方程式的解隨時隨地都有複雜的變動！從上圖可知，初期條件下的顯微差異，沒多久就變大，接下來又出現毫無關聯的字群。這意味著一開始只是些微的測定誤差，長期下來會產生極大的誤差。就算天候的觀測點增多，誤差值變小了，還是不可能沒有誤差。這正是天氣預報困難的一大原因。

這種現象稱為「混沌」；它打破了「只要獲得數據的精準度上升，預測的準確度也隨之升高」的迷思！

勞倫茲這個「混沌」思考的重大發現，對牛頓之後的近代科學自然觀帶來巨大變革，也在範圍廣大的基礎科學產生極大的影響。

何謂碎形圖形？

介於一維度與二維度之間的維度空間圖形

雪花曲線

任是否聽過「碎形」（Fractal）這個字眼；像可以描繪出看似實際之山的電腦繪圖，正是fractal的最佳運用。

像「碎形」這種完全抽象的數學概念，不僅奇特，還陸續被證實廣存於自然界中。從這類的「碎形」探索研究開始，到透過模擬的「碎形」構造之研究，或使用「碎形」造成話題的超導體研究等等，「碎形」蔚為一股風潮。

那麼，在這裡儼然成為關鍵字眼的「碎形」，究竟是什麼呢？為解釋這點，要介紹歷史上知名的柯亨（koch）曲線。

首先參考左邊的圖形。如AB所示，把此線段分成三等份，再以中間的線段為一邊，做出一個正三角形的二邊；然後持續反覆進行這個步驟，這個具有極限的圖形，就是所謂的「柯亨曲線」（又名「雪花曲線」）。

●何謂分數維度？●

透過b個將全體縮小為 $\frac{1}{a}$ 的相似圖形，構成全體時，維度D為：

$$D = \log_a b = \frac{\log_{10} b}{\log_{10} a}$$

■柯亨曲線的維度■

$\log_3 4 = 1.2618\cdots\cdots$

■串級的維度■

$\log_2 3 = 1.5849$

這邊超出一維度顯現二維度的程度較多!!

數學筆記

曼德布洛特（Mandelbrot, 1924～）　出生於波蘭，以數學為重心，活躍於經濟學、生理學、物理學等各大領域；曾於 1967 年發表有關 fractal 理論的論文，但當時並未引起太多的關注。

■串級■

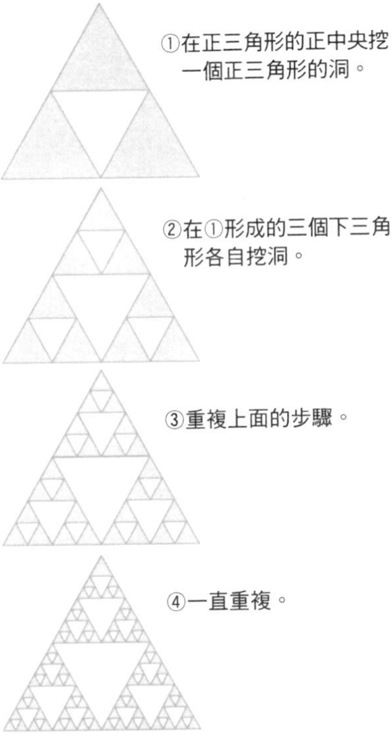
①在正三角形的正中央挖一個正三角形的洞。
②在①形成的三個下三角形各自挖洞。
③重複上面的步驟。
④一直重複。

■柯亨曲線的作法■

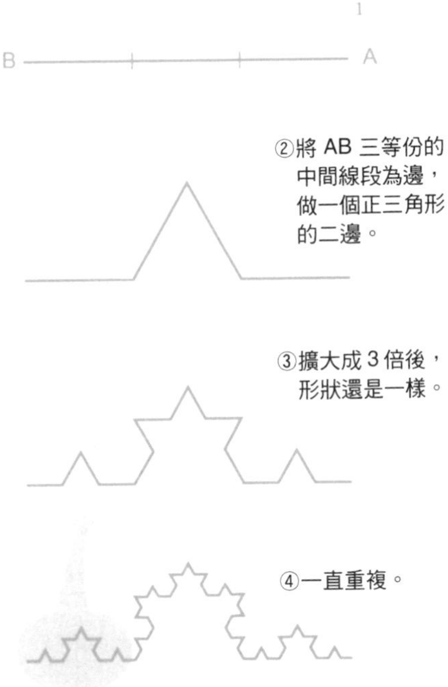
1
B
A
②將 AB 三等份的中間線段為邊，做一個正三角形的二邊。
③擴大成 3 倍後，形狀還是一樣。
④一直重複。

如果這個操作步驟在數次之後停止，圖形會由折線構成；但是，這個無限次反覆操作具有極限的柯亨曲線，不管延伸到多大，還是不會出現直線。可是，當其中一部分擴充到三倍大時，會出現與原柯亨曲線完全相同的圖形（如圖所示）。亦即，部分和全體為相似的關係。

自我相似性

如此一來，這種即使將一部分擴大，還是會出現與原來相同形狀的圖形，可稱為「自我相似的圖形」。

曼德布洛特發現了這個可以處理複雜圖形的「自我相似性」之重要觀念後，就把這個具有「自我相似性」的圖形命名為 fractal。

在此要順便一提，fractal 是曼德布洛特取自拉丁語的形容詞 fractas 的創造語彙，和英語的 fraction（部分、分支）同語源。

的破局

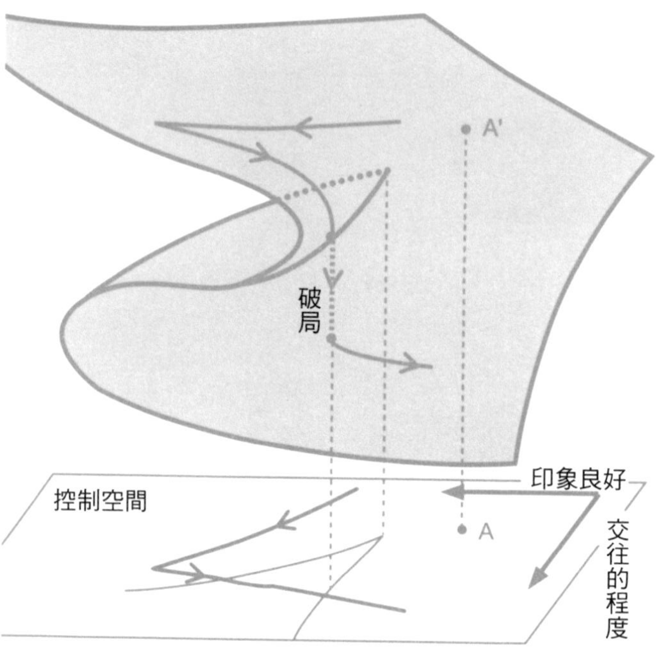

破局的分析

破局理論將急遽變化加以規範

戀愛關係有時也會迎向破局——悲慘的結局。乍見之下，這個和數學似乎沒有關係的破局，會被導入數學的世界憑藉的是悲慘的破局理論（Catastrophe Theory）。這個理論對於自然現象、社會現象、動物行為等急遽的變化，賦予數學的規範。

曾經獲得菲爾茲數學獎（可稱是數學的諾貝爾獎，每四年頒發一次）的勒內・托姆，研究奇點（Singular points）拓樸學，實現了這個理論。後來，茲曼又把這個理論針對唐突變化的理論規範，運用於各個不同的層面，而受到眾人的矚目。

接下來要介紹茲曼的運用實例；即把楔形的奇點，應用於戀愛心理之悲慘的結局。

格制空間的平面

請參考上圖。底下有一俗稱控制空間的平面，上面則是彎彎的曲線。茲曼認為決定戀愛能否順遂的關係要素，就是「給對方的

數學筆記　勒內．托姆（René. Thom, 1923～）　出生於法國；1958 年以確立微分位相幾何的卓越成就勞獲菲爾茲數學獎。下面的破局理論（Catastrophe Theory）就是讓他聞名於數學圈以外之世界的重要關鍵。

▼股價的暴跌

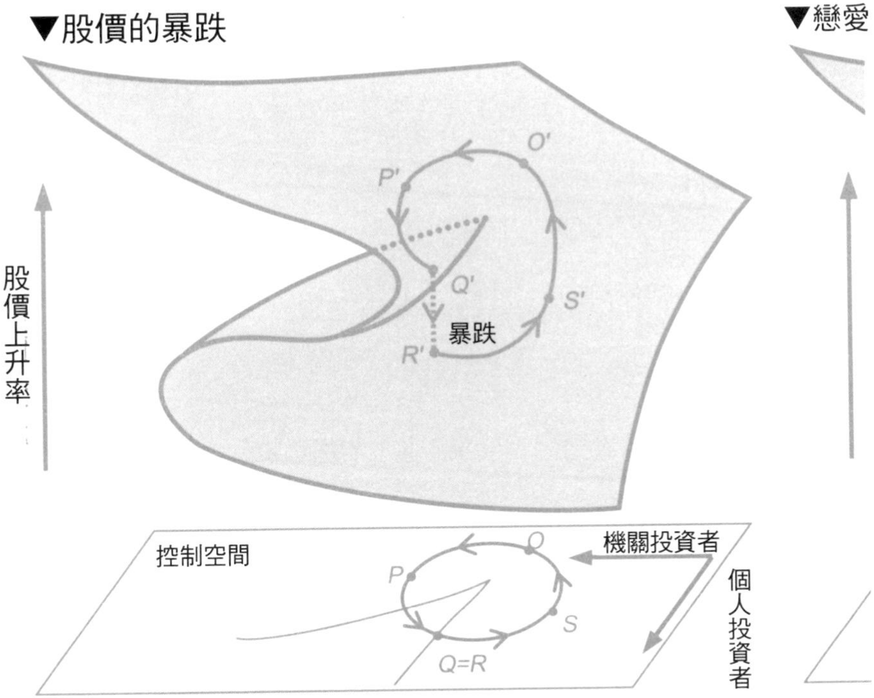

因機關投資者與個人投資者的時間錯開，
故投資座標的變化彷彿一個圓的運動。

印象」以及「交往的程度」，並在控制空間畫出這些座標軸。不過，這裡的「交往的程度」不同於戀愛的程度，指的是經常約會、打電話等溝通的程度。所以，可由上面之曲面上的點之高度，表示戀愛的程度。

像A上面的點A'不高也不低，表示目前沒有感覺。如果最初印象良好，隨著交往熱絡，愛戀之情會像箭頭所指一般逐漸升溫。

但是，有時即使交往順利，如果對方暴露出缺點顛覆了最初的好印象，會突然情勢逆轉走向破局：「我和你已經不可能了……」而下達最後的通牒。這個理論規範也告訴我們，如果雙方交往越深，這個通牒產生的落差感就越大。

其他像股價的起落升降，也可以把銀行或保險公司等機關的投資或個人的投資，透過控制空間的座標加以分析，如上圖所示，以清晰的視覺效果展示股價暴跌的機制。

電腦運用的數學

兩個數字組合即可表現邏輯

●何謂2進位法？●

10進位	2進位法
0	0000
1	0001
2	0010
3	0011
4	0100
5	0101
6	0110
7	0111
8	1000
9	1001
10	1010
11	1011
12	1100
13	1101
14	1110
15	1111

■2進位的加法■

0＋0＝0，0＋1＝1
1＋0＝1，1＋1＝10

$$\begin{array}{r} 10101 \\ +\ \ 1101 \\ \hline 100010 \end{array}$$

現在電腦已經充分融入人們的生活中；如果沒有了電腦，人類的生活恐怕亂成一團。像超市的收銀機、銀行或郵局的作業系統，在在都少不了電腦的協助。其他像以大型電腦的終端機販售機票或鐵路車票、公司使用的電腦文書處理系統、毫無國界之分的電子郵件；甚至是人造衛星或行星偵測機的軌道，都必須經由電腦加以運算，連巨無霸噴射客機的自動控制，都是以電腦為主角。

至於可以透過各種橫切面，觀察人體內部構造的CT電腦斷層，更為診斷頭顱內或胸腔內部的疾病，帶來重大的革命。這種CT電腦斷層的機器，是在X光上組裝了電腦裝置，如果少了電腦它也無法運作。

像這種活躍於各個層面的電腦，當然是靠數學的法則加以運作。而且，這個數學的關鍵點分別是「二進位」和「布爾代數」。

二進位

我們平常都用0到9的數字計算，9再

數學筆記

布爾（G. Boole, 1815～1864）　為英國的數學家和邏輯學家；被視為近代符號邏輯學的先驅者之一。

●布爾代數的基本演算●

AND 電路

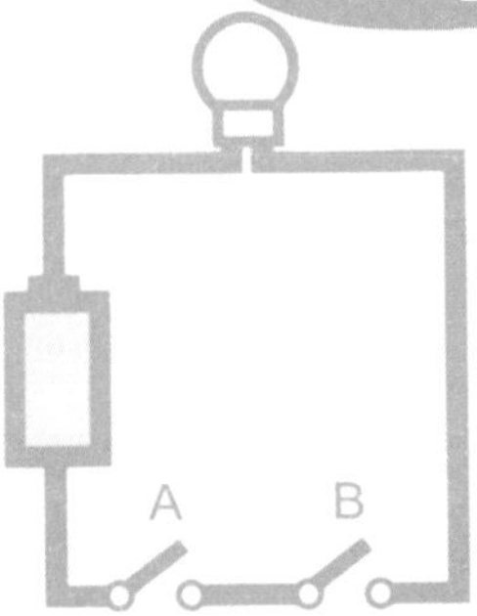

A	B	AandB
0	0	0
0	1	0
1	0	0
1	1	1

OR 電路

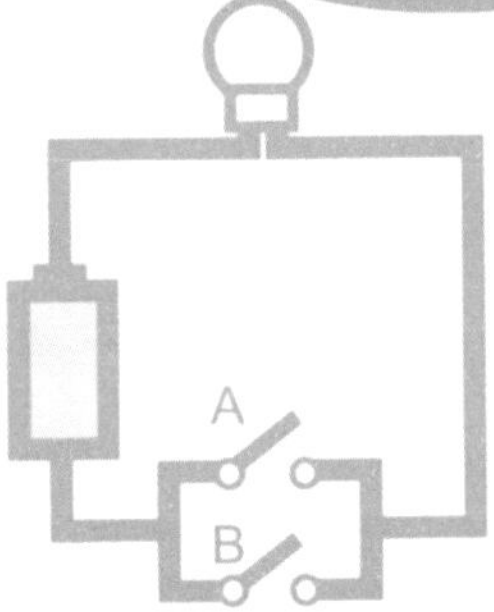

A	B	AorB
0	0	0
0	1	0
1	0	0
1	1	1

NOT 電路

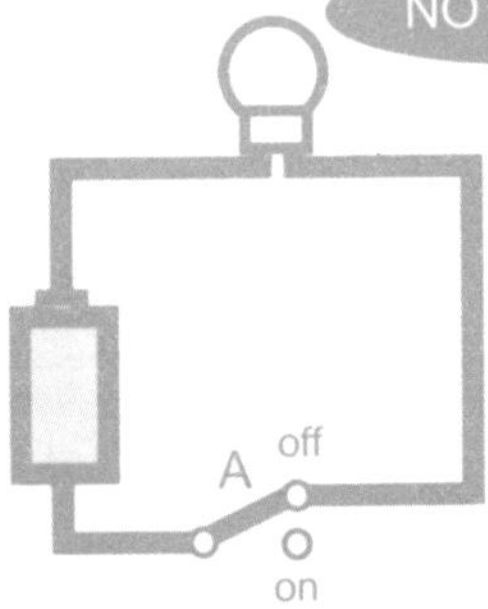

A	notA
0	1
1	0

如果用明確的符號表示簡單之邏輯題目，2 個題目的關係也可以用代數的方程式來表示。

加1的話，要進一位變成10，稱為十進位。

相較之下，電腦用的是二進位法。

這種二進位法的所有數字都只是0和1兩個的組合。如果把0和1比喻為電氣開關的「OFF」和「ON」的話，不僅容易理解，計算時也不會出錯。

布爾代數

二進位的計算可以邏輯演算的組合來表示；而十九世紀的數學家布爾所發現的布爾代數，正是此邏輯演算的基礎。遠在電腦時代之前就有許多人研究的這種布爾代數，經過電腦的出現確認了它的重要性，更是現代電腦的架構邏輯或電路設計等，不可欠缺的一環。

布爾代數演算的基礎有三個，分別是「AND」、「OR」和「NOT」；這些如上圖所示，能表現出簡單的電氣電路。但不管是多複雜的電路，只要有這些組合都不是問題！

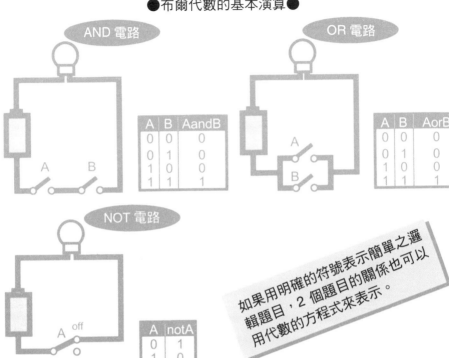

集合與邏輯

集合理論與邏輯推論

■否定證明■

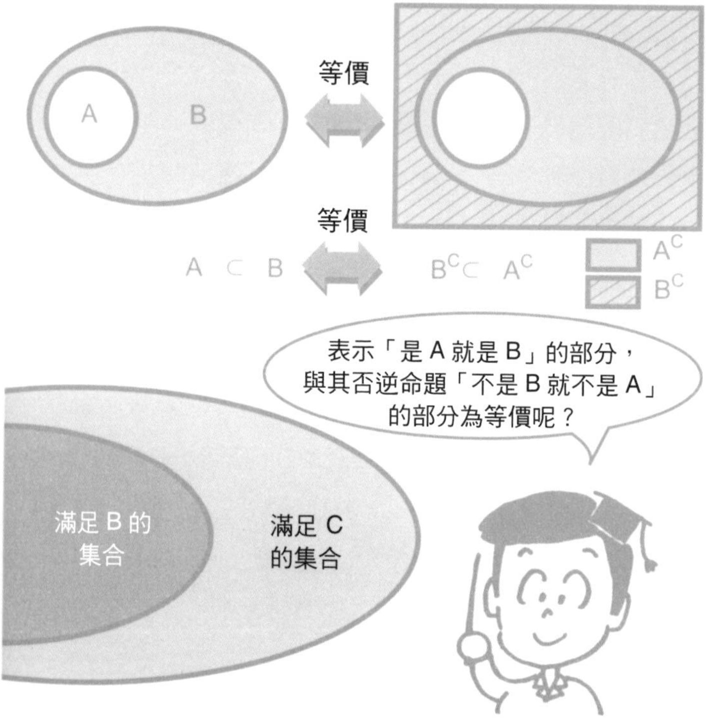

集合

在會議中的發言能否受到重視，當然和發言者能不能立論清晰有關；這種理論方法正是數學最傲人的長處。

所以，首先要釐清對象，從這個集合的概念開始。

例如，你的對象可能是男性、女性、本國人、狗、植物等等，將某種物聚集在一起；像這種物的聚集稱為「集合」。或許有些人對集合二字也有莫名的畏懼，其實只要了解就不會害怕了。

不過，在此要注意的是，這裡的「物的聚集」必須讓每一個人都很清楚。如果不是這樣，一展開邏輯時，每個人的看法會出現分歧。比方說，高個子的人這類的集合就不適合了（不過光看其定義，也有如前面所說的模糊集合）。

數學筆記 **否逆命題** 命題「是 p 就是 q」，等同於「不是 q 就不是 p」的命題。例如，「$x=2$ 的話，$x^2=4$」的對偶命題為「如果 $x^2\neq4$，那 $x\neq2$」。

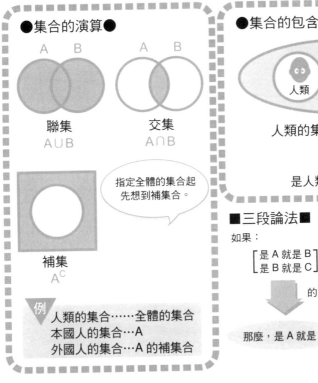

●集合的演算●

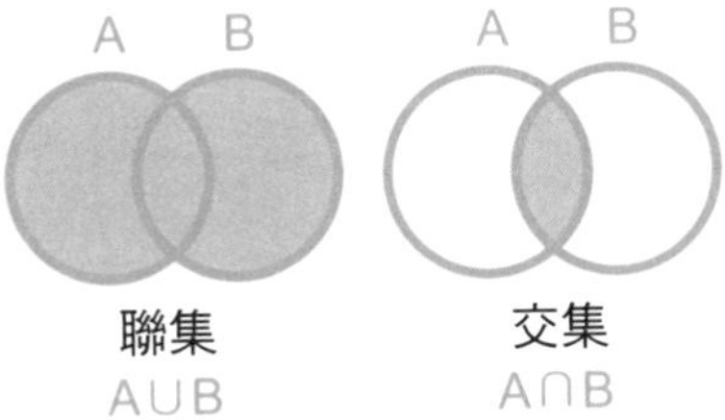

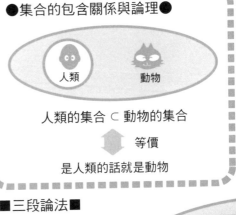

指定全體的集合起先想到補集合。

例
人類的集合……全體的集合
本國人的集合…A
外國人的集合…A 的補集合

●集合的包含關係與論理●

人類的集合 ⊂ 動物的集合

⇕ 等價

是人類的話就是動物

■三段論法■

如果：

[是 A 就是 B
是 B 就是 C]

那麼，是 A 就是 C。

聯集、交集、補集

集合的概念一旦清楚了，再考慮集合之間的基本操作。也就是聯集、交集和補集三個部分，其關係如上圖（左）所示。

再者，有二個集合時，一方的集合可以包括在另一個集合中；例如，人類的集合A，可以包括於動物B的集合中。這種關係稱為子集關係，寫成：

$A\subset B$

事實上，這種包含關係在邏輯展開上，有相當重要的作用；以此例來說，「是人就是動物」這個理論，和 $A\subset B$ 這種包含關係為等價。而這一類的理論，可以換成滿足上述這種集合（稱為真理集合）的關係。

只要了解真理集合間的包含關係，不論是此邏輯的基本架構——三段論法，或者是經由否逆命題證明等價，都變得十分簡單呢！

對稱之美

一切都源於哥羅亞的方程式解

具有對稱的構造

■圓■

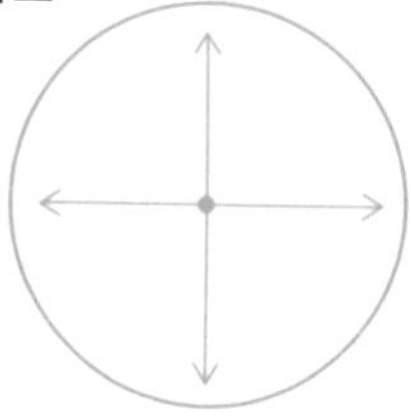

針對中心的點對稱

■正六角形■

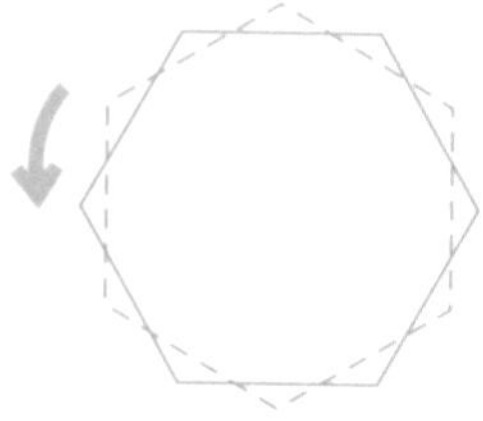

經由旋轉完全重疊

■左右對稱的建築物■

針對正中央的線對稱

群論研究數學的美感

擁有對稱性的東西，都具有獨特的美感。在希臘時代，被視為完全圖形的圓，為針對中心的點對稱，而許多建築的手法也採取左右對稱。像正多角形會經由旋轉完全重疊，這也是一種廣義上的對稱。

像這種從抽象的層面，研究與美感密不可分之對稱的學問，稱為群論，屬於數學的一重大領域。

這個群論由二個天才數學家所發現——一個是法國的伽羅瓦（E. Galois, 1811～1832），另一位則是挪威的阿貝爾（N. H. Abel, 1802～1829）。由於他們二人的想法非常卓著，超過當時的學術界所能理解的範圍，因而被漠視。

如前所述，五次以上方程式的解法，長久以來懸而未決；他們二人導入這個群論的觀念後，這個問題終於獲得否定的答案。亦

數學筆記 阿貝爾（N. H. Abel, 1802～1829） 出生於挪威的數學家。當時他在代數學或解析學的研究已達最高境界，但其成就卻在死後才獲得學會的認可。他一直在貧困中努力不懈，去世時僅 27 歲。

何謂「群」的概念？

■旋轉群■

g：$\frac{360°}{5}$ 的旋轉

g 連續 2 次的變換…… g^2
g 連續 3 次的變換…… g^3
g 連續 4 次的變換…… g^4
g 連續 5 次的變換…… g^5
　　　　‖　　　　　　　‖
　　回到原點　　　　　　e

g 連續 5 次的變換 g^5 又回到原點。這稱為恆等變換，寫成 e；這些組合則稱為 G 群。

$$G=\{e, g, g^2, g^3, g^4\}$$

即，從方程式的對稱性質可知，五次以上的方程式並沒有一般的解法。

表現對稱而誕生的群論

再者，德國的數學家克萊因於一八七三年，就任愛爾蘭根大學時，曾以「所謂的幾何學就是研究變換群之不變性質的學問」為題發表演說。所以，幾何學的起點就是群論——這種說法一點都不為過。

為表現對稱而誕生的這個群論，當然不限於數學領域，也進一步擴展為自然界對稱的研究。

例如，群論應用在結晶或分子的對稱研究上，成為理解分子形狀或動態性質不可缺的助力。也有學者預言，從素粒子的對稱研究，可了解未知之粒子的存在與性質；後來證明此言不虛。

維度另一章

三度、四度、五度……自由思考多維度空間

■維度增加的概念■

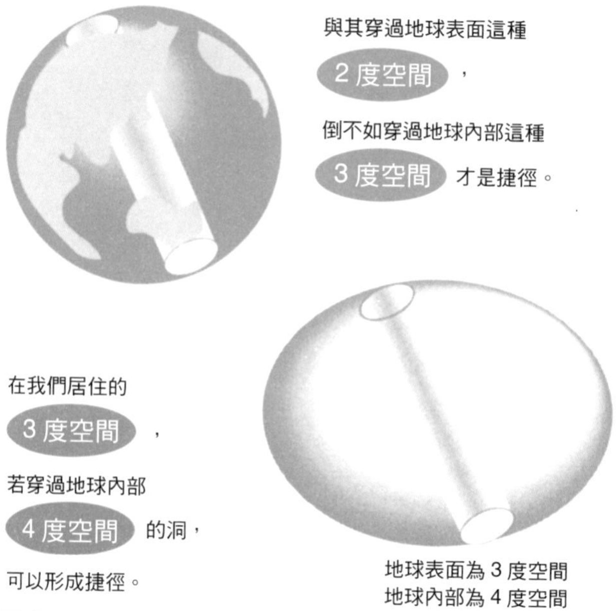

與其穿過地球表面這種
2 度空間，
倒不如穿過地球內部這種
3 度空間 才是捷徑。
在我們居住的
3 度空間，
若穿過地球內部
4 度空間 的洞，
可以形成捷徑。
地球表面為 3 度空間
地球內部為 4 度空間

我們平常使用的「維度」，似乎包含了各種意義，例如，在日常對話會聽到「這和那根本是不同層次的東西……」、「以站在高維度這個觀點來看……」，或者是「你說的話層次太低了……」等等，以維度這個語彙表示立場或層級的用法。此外，在SF（科幻）世界裡，會遇上四度空間發生的奇妙現象、遨遊於過去與未來世界的時光旅行，或是穿越蟲洞的瞬間移動。

有一部知名的電影《回到未來》，片中的男主角米高．福克斯搭乘時光機，回到三十年前的時代，巧遇高中時代的雙親，更引發母親對他的好感。而為了避免亂倫，他必須釐清三人之間的關係……。

把話題拉回來。數學中的「維度」，是一個表示空間寬敞程度的語彙。比方說，零度表示沒有空間的一點，一度為帶有一個寬度的直線。而二度為帶有直橫兩個寬度的平面，三度為帶有上、下、橫三個寬度的空

數學筆記

超弦理論 針對物質的根本為點粒子這個物理學的大前提，將根本視為振動弦（帶）。這也是解決素粒子理論的課題「4 個力的統一」所運用的理論。

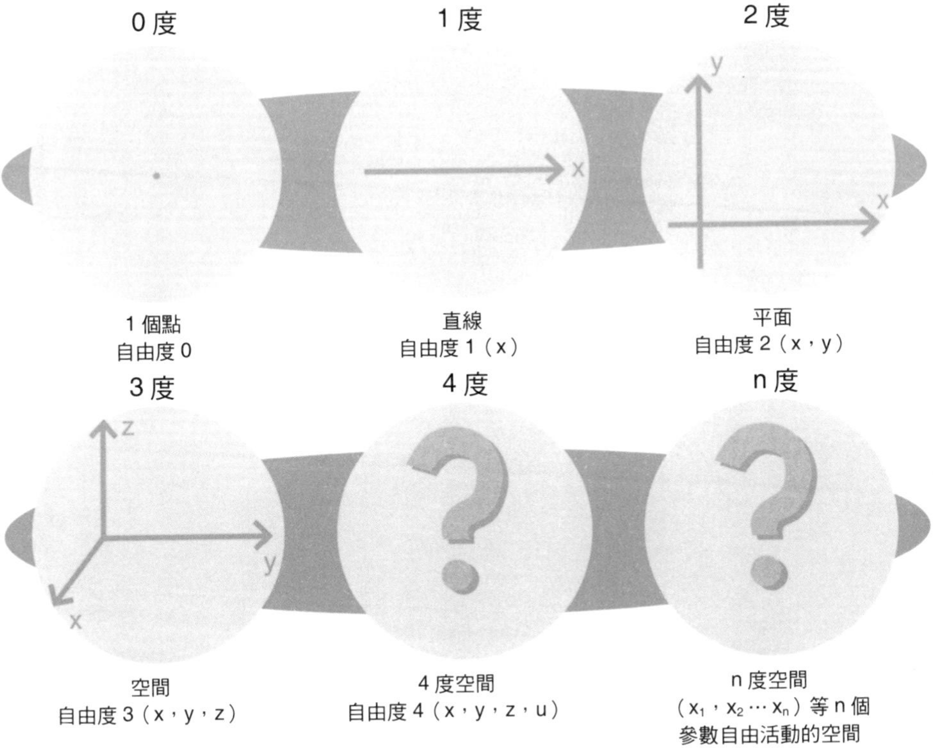

間，也就是我們所居住的空間。

人們可以感受到這個三度空間的存在；但站在數學的觀點，可以很自然地想到四度、五度……，甚至是一億度，或其他無限大的維度呢！

愛因斯坦認為時間是一度空間，再進一步導入它和空間三度合成的四度時空，建構了相對論。像最尖端的理論物理學「超弦理論」中的10度、「超重力理論」中的11度空間等等多維度空間，在在成為構築力的統一理論的關鍵點。

維度的發揮空間並不侷限於數學或物理方面；像解開經由許多因子引起的複雜現象之「多變量解析」方法，其因子數就是維度。

在二度出現的交叉點，可以透過立體交叉這個三度化加以消除；由此可知，經由維度的改變能大幅拓展我們思考的角度。

費馬大定理的證明

在數學的世界裡，有許多問題長期以來一直困擾著數學家；其中最引人矚目的莫過於「費馬的預言」。一般的數學問題有時需要具備高深的基礎知識，才能理解問題本身的涵義；但是，「費馬的預言」這個問題正好相反，它最大的特徵是，不須任何基礎知識，誰都可以理解呢！

可是，問題的題意易於了解，和問題本身很簡單這二者間毫無關聯；這個典型代表正是「費馬的預言」。

那麼，何謂「費馬的預言」呢？

即「當n為3以上的正整數時，$x^n+y^n=z^n$時的正整數x、y、z並不存在」。如果這裡的n等於2，從已知的「畢達哥拉斯定理」可知，如同3、4、5之類的正整數組很多。

費馬以此為定理，並在書籍的欄外加上一些字：「我發現了這個令人吃驚的理論證明，如果想要進一步說明的話，這些空白顯然不夠。」這個傳說讓「費馬的預言」更加有名，更引發許多學者的強烈好奇心。

這個懸宕三百五十年未解的「費馬的預言」，直到一九九三年，才由普林斯頓大學的華爾茲教授對外宣稱：「解開了這個問題！」後來人們發現這個證明有所誤差，再次讓人感受到這個問題的陷阱與可怕之處。經過一年多的時間，華爾茲教授才在學生提拉的協助下，終於完成這個不完全的證明。

◆主要參考文獻
《γ・數學小事典》（岡部恆治／講談社）
《數學小故事》（岡部恆治／日本實業出版社）
《從繪圖認識微分與積分》（同上）
《給數學不佳者的數學入門》（同上）
《不可思議的形勢幾何學》（同上）
《微分與積分的研究》（同上）
《數學 100 的常識》（江藤邦彥／日本實業出版社）
《難懂的對數與指數》（同上）
《有趣的準確率》（仲田紀夫／日本實業出版社）
《深入淺出的微積分》（群山彬／日本實業出版社）
《數學趣味事典》（樺旦純／三笠書房）
《代數與幾何的研究》（草場公邦／日本實業出版社）
《不可思議的數學》（草場公邦／講談社）
《現代數學入門》（瀨山士郎／講談社）
《你所認識的數學》（吉永良正／講談社）
《現代數學面面觀》（馬凱・基雷著、吉永良正譯／白楊社）
《何謂 fractal？》（高安秀樹、高安美佐子／鑽石社）
《fuzzy 物語》（西田俊夫編／日本規格協會）
《機率的故事》（大村平／日科技協會）
《數學小冒險》（伊安・史都華著、雨宮一郎譯／紀伊國屋書店）
《話題來源數學》（吉田稔、飯島忠／東京法令出版）
《形勢幾何學的聯想》（川久保勝夫／講談社）

Note

國家圖書館出版品預行編目（CIP）資料

圖解數學基礎入門 全新修訂版/ 川久保勝夫著；
李盈嬌譯. -- 初版. -- 新北市：世茂, 2019.10
面；　公分. --（科學視界；238）
譯自：数学のしくみ
ISBN 978-957-8799-96-7（平裝）

1.數學

310　　108012410

科學視界 238

圖解數學基礎入門 全新修訂版

作　　者／川久保勝夫
譯　　者／高淑珍
主　　編／楊鈺儀
責任編輯／曾沛琳
封面設計／李 芸
出 版 者／世茂出版有限公司　單次郵購總金額未滿 500 元（含），請加 80 元掛號費
地　　址／（231）新北市新店區民生路 19 號 5 樓
電　　話／（02）2218-3277
傳　　真／（02）2218-3239（訂書專線）
（02）2218-7539
劃撥帳號／ 19911841
戶　　名／世茂出版有限公司
世茂官網／ www.coolbooks.com.tw
排版製版／辰皓國際出版製作有限公司
印　　刷／傳興彩色印刷有限公司
初版一刷／ 2019 年 10 月
七刷／ 2024 年 8 月

ISBN／ 978-957-8799-96-7
定　　價／ 300 元

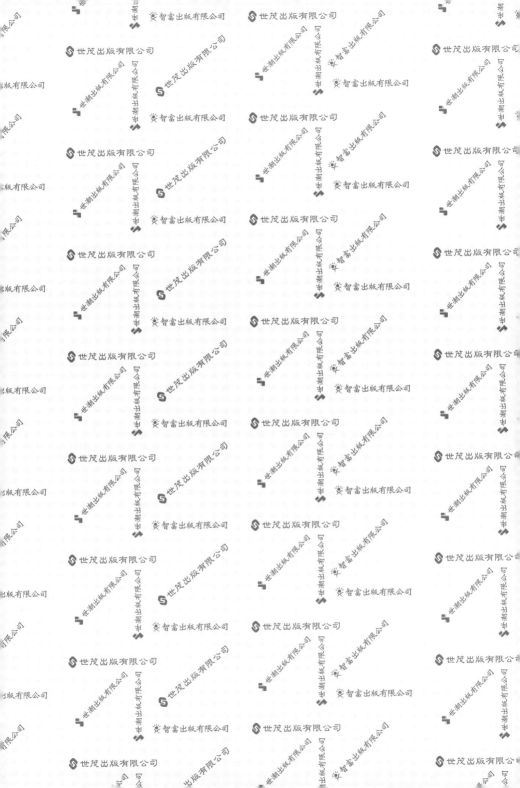